“十三五”国家重点出版物出版规划项目

量子科学出版工程（第一辑）

全国优秀科普作品

国家出版基金项目

NATIONAL PUBLICATION FOUNDATION

Phantom of the Century: Quantum Entanglement

张天蓉 著

量子科学出版工程

Quantum Science Publishing Project

世纪幽灵：走近量子纠缠

第2版

中国科学技术大学出版社

内 容 简 介

本书以讲故事的方式，带领读者一步一步走近神秘的量子世界，最后走近更为神秘的量子纠缠.

量子理论说起来神秘莫测，却极大地影响了现代文明社会. 计算机、网络及通信技术近年来突飞猛进，很大程度上可以说是建立在量子理论发展的基础上的. 从 1901 年开始，在一百多年的诺贝尔物理学奖中，绝大部分颁发给了与量子理论有关的成果，这足以说明量子理论对促进现代高科技的发展功不可没. 如今，量子纠缠现象的研究正在带动量子信息、量子计算等技术的发展，将有可能掀起新一轮的技术革命.

本书是一本深入浅出、老少皆宜的科普读物. 本书的主要内容基本不涉及数学，即使非理科背景的读者也能读懂. 想深入了解量子理论的读者，可参阅附录中的简单数学公式推导等，或者阅读其他相关的图书.

图书在版编目(CIP)数据

世纪幽灵：走近量子纠缠/张天蓉著. —2 版. —合肥：中国科学技术大学出版社，2019.9 (2024.9 重印)

(量子科学出版工程. 第一辑)

国家出版基金项目

"十三五"国家重点出版物出版规划项目

ISBN 978-7-312-04757-2

Ⅰ. 世…　Ⅱ. 张…　Ⅲ. 量子论—普及读物　Ⅳ. O413-49

中国版本图书馆 CIP 数据核字(2019)第 171530 号

出版　中国科学技术大学出版社
安徽省合肥市金寨路 96 号，230026
http://press.ustc.edu.cn
http://zgkxjsdxcbs.tmall.com

印刷　合肥华苑印刷包装有限公司

发行　中国科学技术大学出版社

开本　787 mm×1092 mm　1/16

印张　10

字数　166 千

版次　2013 年 6 月第 1 版　2019 年 9 月第 2 版

印次　2024 年 9 月第 3 次印刷

定价　68.00 元

序　一

让量子纠缠走进公众的视野

感谢天蓉用通俗有趣的语言，将曾被爱因斯坦称为“幽灵”的量子纠缠带进了公众视野，感谢她为我们剥开量子科学坚果，使大家领悟到物理学的无穷趣味.

量子力学的结论，早已被广泛应用于科学研究和工程技术.例如与我们日常生活密切相关的半导体技术，在晶体管和集成电路的研发制造中，处处隐藏着量子理论的身影.如今，科学工作者高度关注并正不断取得进展的量子计算机和量子通信，又被广大民众津津乐道，广为传播.在这个似乎人人都听说过“量子”一词的信息社会里，这本有关量子力学基础理论的科普读物，也许能使你耳目一新！它能让你从物理学的角度，初步了解量子力学及量子纠缠的含义以及来龙去脉.

我向大家推荐此书的另一个理由是：即使对于学习物理学专业的人士，这也是一本值得一读的科普读物.它让我们重温量子力学的发展历史，让我们进一步了解一代又一代物理学同行们为了探索奇妙的量子世界所做的坚持不懈的努力，它为我们还原了物理学家们多彩而不平凡的人生，它激励我们更加奋发图强，更深入地去探索量子世界的奥秘.

我与天蓉是物理学界的同行，20 世纪 80 年代在美国得克萨斯大学奥斯汀分校相识，她是数学物理学家 Cécile DeWitt-Morette 的学生，与著名的理论物理学家惠勒也经常有学术交往.天蓉具有坚实的理论物理基础和数学能力，受到同行们的称赞.更为不易的是，她在工作期间做过一些前沿光学的实验研究工作.

科学家写科普，是我们这一代科学家的责任和义务. 作为一名长期在量子光学领域工作的科学工作者，我希望能看到更多这样的优秀科普图书出现.

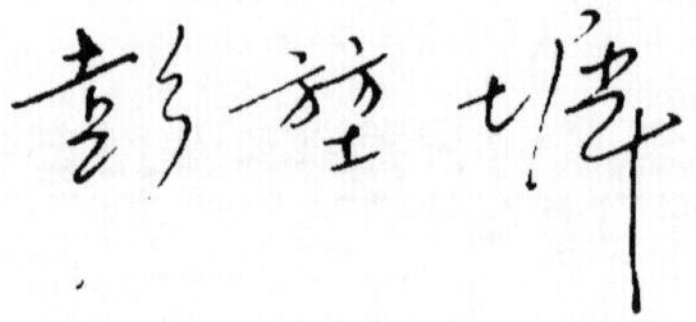

中国科学院院士

2018 年 3 月

序　二

量子世界的启示

量子纠缠问题是人类历史上迄今为止科学思维遇到的最严重的挑战，是人类理性面对过的最深奥的难题，以致20世纪最伟大的科学家爱因斯坦也为此纠结皱眉，困惑其中.

放在我们面前的这本书，作者试图用通俗甚至轻松有趣的科学语言将我们带入这一玄妙之门，并对量子力学有所认识和领悟.

于是，我们难免会提出以下两个问题：

除了对物理感兴趣的一群人，这本书值得大家都看看吗？

作者真的能够做到深入浅出、化难为易，让我们受益吗？

我们为什么需要读这本书?

对所有的人而言，量子世界的意义在于，科学家揭示了微观世界的规律.那不是我们熟悉的、习以为常的物理规律.认识这些规律，我们每一个人的世界观将会有重大突破.21世纪初，随着量子计算机和量子通信的突破，量子理论已经落地进入应用，更值得我们花点时间了解量子世界.

人类的智慧早已感知或者洞察出与我们现实世界不同的现象的存在，只不过是用各种宗教的语言或文学艺术的语言表达出来的.例如，《红楼梦》中"太虚幻境"的这副对联——"假作真时真亦假，无为有处有还无"，竟然已经将"真"与"假"、"有"与"无"、"现实世界"与"虚幻世界"之间的关系讲得如此富有禅意而透彻.但是，这些都是在信仰或灵性的范围内.

量子力学是一群智商超高的科学家用理性的语言证实了的另类物理规律的存在.了解量子力学就是丰富我们认识世界的方式，这打开了我们的心智，让我们重新认识世界乃至人生，其意义当然非同小可.

对于高中以上的学生，本书更值得阅读，它有可能影响某些奋发向上的年轻人的一生.这种作用来源于最杰出人物的启蒙和激励，来源于人类永无止境探索未知的驱动精神. 诚如作者所说，量子力学是“有史以来最出色和最富激情的一代物理学家集体努力的成果”. 作者着力的不仅仅是结果，更是量子力学探索的过程——人类最高智慧的升华过程；不仅仅讲述了物理学的历史，更展现了人类精英们的思想、追求和生活. 她用科学理论发展中最精彩、最令人困惑的一段史实，歌颂了人类思想的伟大力量，告诉我们创新是如何实现的，什么是真正的价值. 跟着作者前行，你不可能不为书中那些人和事所感染、所震撼、所激动、所欢呼、所敬仰. 可以相信，本书对于学生和教育的深刻启示，将推动孕育出未来社会的精英.

这本书的作者文理皆通、落字可信

这是作者基于多年的专业感悟而创作的一本书. 不仅仅如此，如果缺乏高度理性，并且对量子力学没有透彻的理解，不敢写此书；如果只有深刻的理性而没有激情，不可能写此书；如果只有理性和激情，没有感性的技巧和文学的功底，不可能完成此书.

我在大学时与天蓉同修物理学，同学们都惊叹这位四川才女极强的数学逻辑和理性思维，不敢与她比试智力游戏. 大学毕业后，我未能坚持留在物理学界，而天蓉相继去了中国科学院研究生院和美国得克萨斯大学攻读理论物理. 今天，当我读到她的这部书稿时，我深刻地感受到她人生的物理情结和对科学的虔诚.

几年前，读到天蓉写的几部小说，我看到了另一个天蓉——富有文采且感性的天蓉. 从优雅的文字中，你不会想到她理论物理的纯理性背景.

感谢作者天蓉，她用她的才智和激情，为我们奉献了这本难得的好书.

中国营销研究中心主任

中山大学二级教授

2018 年 3 月

前　言

如果有人说，物理学界有一个一百多岁的“幽灵”，你会相信吗？物理科学怎么会与“幽灵”搭上边呢？事情的确很奇怪，连伟人爱因斯坦当年也一直为量子论而导致的量子纠缠现象的“远距幽灵作用”所困惑. 如今，爱因斯坦逝世已经超过半个世纪，可谜团仍未完全解开. 因此，可以毫不夸张地说，量子理论就是这么一个“幽灵”.

它一次一次用不可思议的量子现象，将人们带进层层迷宫. 一百多年来，它挑战着人类哲学思维的极限，纠结着无数科学家的神经；它既造福于文明社会，又扰乱学术界的安宁. 如今，它又把“量子”这个“桂冠”戴到了多种学科的头上，似乎将引发信息学、密码学、计算机科学、通信、网络等研究领域的新一轮革命，向人们展示一个更为奇妙的未来世界.

本书尽量使用通俗的语言，向公众介绍神秘而奇妙的量子纠缠. 而要认识神秘的量子纠缠，首先要认识神秘的量子现象，认识我们所说的这个“百年幽灵”.

无论大家学的是哪个专业，大概都听说过奇妙的量子现象. 诸如测不准原理、薛定谔的猫之类的，在日常生活中看起来匪夷所思的现象，却千真万确地存在于微观的量子世界.

许多人将听起来有些诡异的量子理论视为“天书”，敬而远之. 有人感叹说：“量子力学，太不可思议了，不懂啊，晕！”

不懂量子力学，听了就“晕”，那是非常正常的反应. 听听诺贝尔物理学奖得主、著名物理学家费恩曼的名言吧！费恩曼说：“我想我可以有把握地讲，没有人懂量子力学！”量子理论的另一位创始人玻尔也说过：“如果谁不为量子理论而感到困惑，那他就是没有理解量子理论.”既然连费恩曼和玻尔都这样说，我等就更不敢吹嘘了.

因此，我们暂时不要奢望“懂得”量子力学. 本书的写作目的就是让人们能够多了解、多认识一些量子力学. 也许不能“走进”，但能“走近”. 因为量子理论虽然神秘，但却是科学史上最为精确地被实验检验了的理论，它经历了一百多年的艰难历程，发展至今，可以说是达到了人类智力征程上的最高成就. 身为现代人，如果不曾“了解”一点点量子理论，就如同没有上过因特网，没有写过电子邮件一样，可算是人生的一大遗憾啊！

这个“世纪幽灵”，戴着层层的面纱，多少人想要描述其面纱下的容颜，从而创造出对量子力学的种种诠释. 有的人想用统计学来解释它，有的人创造了多个平行世界的模型，有的人使用波函数塌缩，有的人提出隐变量理论，还有人倡导交易诠释、随机诠释、退相干诠释等，各种诠释数不胜数，各种观点莫衷一是. 在本书中，我们将主要使用所谓“正统诠释”，也就是以量子力学创始人玻尔为代表的哥本哈根学派的诠释，来介绍量子力学，带你走近量子纠缠.

可是，人类什么时候才能真正揭开它神秘的面纱，看清它的庐山真面目呢？这个跨越世纪的幽灵！

张天蓉

2019 年 1 月

目 录

第 1 章　从"薛定谔的猫"谈起

我们首先描述一些量子论的奇异之处，这样才能让大家明白，为什么爱因斯坦(A. Einstein，图 1.1)要将它称为"幽灵". 那就从"薛定谔的猫"[1]说起吧.

薛定谔(E. Schrödinger，图 1.2)是奥地利著名物理学家、量子力学的创始人之一，曾获 1933 年诺贝尔物理学奖. 在量子力学中，有一个最基本的描述原子、电子等微观粒子运动的薛定谔方程，就是以他命名的. 薛定谔生于维也纳，死于维也纳，死后如愿被葬于阿尔卑包赫一个风景优美的小山村中. 他的墓碑上刻着一个大大的量子力学中波函数的符号"ψ". 在他曾经求学的维也纳大学主楼里，有一座薛定谔的雕像，那上面雕刻着著名的薛定谔方程：

$$\mathrm{i}\hbar\dot{\psi} = H\psi$$

其中，$\hbar$为约化普朗克常数.

图 1.1　爱因斯坦

图 1.2　薛定谔

"薛定谔的猫"又是什么呢？它不是薛定谔家里的猫，而是薛定谔在一篇论文中提出的一个佯谬，也被称为"薛定谔佯谬". 薛定谔虽然创立了薛定谔方程，却非常不满意玻尔(N. Bohr)[2]等人对波函数及"叠加态"的概率解释. 于是，薛定谔便设计了一个思想实验，在这个实验中，他把量子力学中的反直观效果转嫁到日常生活中的事物上来，也就是说，转嫁到“猫”的身上，如此就导致了一个荒谬的结论．薛定谔想以此来嘲笑玻尔等对量子物理的统计解释．

既然“薛定谔的猫”与“叠加态”有关，我们就需要先了解什么是“叠加态”．

根据我们的日常经验，一个物体在某一时刻总会处于某个固定的状态．比如，我现在“在客厅”里，或者，我现在“在房间”里．要么在客厅，要么在房间，这两种状态，必居其一．这种说法再清楚不过了．然而，在微观的量子世界中，情况却有所不同．微观粒子可以处于一种所谓“叠加态”的状态中，这种状态是不确定的．例如，电子可以同时位于两个不同的地点：A 和 B，甚至位于多个不同的地点．也就是说，电子既在 A 又在 B．电子的状态是“在 A”和“在 B”两种状态按一定概率的叠加．物理学家们把电子的这种混合状态叫做“叠加态”．

总结一下，什么是“叠加态”呢？就好比说：既在客厅，又在房间．这种日常生活中听起来逻辑混乱的说法，却是量子力学中粒子所遵循的根本之道，这让人听起来是不是觉得很奇怪？

聪明的读者会说：“我此刻‘在客厅’或‘在房间’，同时打开客厅和房间的门，看一眼就清楚了．电子在 A 或者在 B，测量一下不就知道了吗？”说得没错，当我们对电子的状态进行“测量”时，电子的“叠加态”不复存在，而是“坍缩”到“在 A”或者“在 B”两个状态之一．听起来这好像和我们日常生活经验差不多嘛！但是，请等一等！我们说的微观行为与宏观行为的不同，是在观测之前．即使没有人看，“在客厅”或“在房间”，已成事实，并不因“看”或“不看”而转移．而微观电子就不一样了：在观察之前的状态，并无定论，是“既……又……”的叠加状态，直到我们去测量它，叠加状态才坍缩成一个确定的状态．这是微观世界中量子“叠加态”的奇妙特点．

尽管量子现象显得如此神秘，量子力学的结论却早已在诸多方面被实验证实、被学术界接受，在各行各业中还得到各种应用，量子物理学对我们现代日常生活的影响无比巨大．以其为基础而产生的电子学革命及光学革命将我们带入了如今的计算机信息时代．可以说，没有量子力学，就不会有今天所谓的“高科技”产业．

如何解释量子力学的基本理论，仍然是仁者见仁，智者见智．这点也曾经深深地困扰着它的创立者们，包括伟大的爱因斯坦．微观“叠加态”的特点与宏观规律如此不同，物理学家如薛定谔也想不通.于是,薛定谔在1935年发表了一篇论文,题为《量子力学的现状》,在论文的第5节,薛定谔编出了一个“薛定谔的猫”的思想实验,试图将微观不确定性变为宏观不确定性,微观的迷惑变为宏观的佯谬,以引起大家的注意.果不其然!物理学家们对此佯谬一直众说纷纭、争论不休.

以下是“薛定谔的猫”的实验描述:

把一只猫放进一个封闭的盒子里,然后把这个盒子连接到一个装置,其中包含一个原子核和毒气设施.设想这个原子核有50%的可能性发生衰变,衰变时会发射出一个粒子,这个粒子将会触发毒气设施,从而杀死这只猫.根据量子力学的原理,未进行观察时,这个原子核处于已衰变和未衰变的叠加态,因此,这只可怜的猫就应该相应地处于“死”和“活”的叠加态.非死非活,又死又活,状态不确定,直到有人打开盒子观测它.

实验中的猫,可类比于微观世界的电子(或原子).在量子理论中,电子可以不处于一个固定的状态(0或1),而同时处于两种状态的叠加(0和1).如果把叠加态的概念用于猫身上的话,那就是说,处于叠加态的猫是非死非活、又死又活的.

量子理论认为:如果没有揭开盖子进行观察,薛定谔的猫的状态是“死”和“活”的叠加.此猫将永远处于“又死又活”的叠加态.这与我们的日常经验严重相违.一只猫,要么死,要么活,怎么可能非死非活、又死又活呢?别小看这个听起来似乎荒谬的物理思想实验.它不仅在物理学方面极具意义,还在哲学方面引申出了很多的思考.

谈到哲学,聪明的读者又要笑了,因为在古代哲学思想中,不乏这种似是而非、模棱两可的说法.这不就是辩证法的思想吗?你中有我,我中有你,一就是二,二就是一;合二而一,天人合一……如此而已.

此话不假,因此才有人如此来比喻“薛定谔的猫”:男女在开始恋爱前,不知道结果是好还是不好,这时,可以将恋爱结果看成好与不好的混合叠加状态.如果你想知道结果,唯一的方法就是去试试看,但是,只要你试过,你就已经改变了原来的结果了!

无论从人文科学的角度如何来诠释和理解“薛定谔的猫”,人们仍然都觉得量子理论听起来有些诡异.有读者可能会说:“你说了半天,我仍然不懂量子力学啊!”

还好,刚才我已经给读者打了预防针,不是吗?没有人懂量子力学,包括薛定谔自己在内!薛定谔的本意是要用“薛定谔的猫”

这个实验的荒谬结果来嘲笑哥本哈根学派对量子力学、薛定谔方程引进的“波函数”概念的概率解释，但实际上，这个思想实验使薛定谔自己站到了自己奠基的理论的对立面上，难怪有物理学家调侃地说道：“薛定谔不懂薛定谔方程！”

薛定谔不仅对量子力学有巨大的贡献，他的个人生活也多姿多彩，超凡脱俗，这两者之间还有着紧密的联系哦！

薛定谔具有超凡的个人魅力，风流倜傥，女友无数. 如果用中国人传统的话来说，他就是一个十足的“风流才子”. 据说薛定谔有很多情妇，且乐于让人知道这一点. 尽管薛定谔和太太安妮的关系很好，但他们夫妇对婚姻和爱情的观点，就像薛定谔对量子力学的诠释一样，非同凡响，与众不同，这点常为人们“津津乐道”，成为朋友们茶余饭后的有趣话题. 薛定谔有不少私生子. 他赴英国牛津大学任教时，要求牛津大学聘任亚瑟·马胥做其助理，原因是薛定谔爱上了马胥之妻希尔妲. 希尔妲曾为薛定谔产下一女. 薛定谔还和另外两名爱尔兰籍女子有私生子. 薛定谔的妻子安妮也和他的朋友赫尔曼·外尔有暧昧关系.

在第二次世界大战之前的20世纪30年代，薛定谔曾到美国普林斯顿做研究，他不但有太太陪同，还带上了情妇，在普林斯顿这个当时颇为保守的小镇，引起了一片轰动. 薛定谔对此印象深刻，这大概也是战争之后，他未去美国发展的原因之一.

薛定谔还写过一本生物学方面的书和许多科普文章. 1944年，他出版了《生命是什么》一书. 薛定谔在该书中发展了分子生物学，提出了负熵的概念，他想通过物理语言来描述生物学中的课题. 之后发现了DNA双螺旋结构的沃森(J. D. Watson)与克里克(F. Crick)，都表示曾经深受薛定谔这本书的影响.

天才科学家薛定谔的风流故事激发了纽约剧作家、舞台剧编导马修·韦尔斯的灵感，韦尔斯写出了一部名为《薛定谔的女朋友》的舞台剧.

这部舞台剧是关于爱、性和量子力学的另类浪漫喜剧. 韦尔斯并没有受过超出高中课程的科学教育，但却痴迷于神秘的物理学. 他说：“我永远无法进入物理学，但我发现它背后的概念、视觉和类比，是如此引人入胜！”

2001年11月，《薛定谔的女朋友》在旧金山著名的Fort Mason Center首演. 之后，2002～2003年又在纽约及其他各地演出多场.

剧中有这么一段饶有趣味的话：“到底是波动-粒子的二象性

难一点呢，还是老婆-情人的二象性更难?”薛定谔有很多情妇，身边不乏红颜知己.薛定谔的女友和薛定谔的猫一样不确定，薛定谔的婚姻爱情观和他的物理理论一样，不同凡响.薛定谔是个“多情种子”类的人物，他的情妇虽然多，但据说他每爱一个女人时，都是真心实意、一心一意的.也许我们可以用量子力学的语言来做个比喻:薛定谔的感情和性生活总是处于一个包括很多本征态的复杂叠加态中;在一定时期，叠加态“坍缩”到某个本征态，薛定谔便投入一个女友的怀抱.

但是，在薛定谔众多的女友中有一位很不一般的神秘女人，她正是这部舞台剧的女主人公.薛定谔在《生命是什么》一书中还认真探讨过男女关系，认为女人是红色的，男人是紫色的，男人创造的灵感来自女人，这大概也是薛定谔科学灵感的真实来源吧.

1925年的圣诞节前，薛定谔像往年一样，来到美丽的白雪皑皑的阿尔卑斯山上度假，但这次陪伴他的不是太太安妮，而是一位来自维也纳的神秘女友.薛定谔的这位女友神秘莫测，直到90多年后的今天，也无人考证出她的身份来历，她不是考证者已知的薛定谔情妇中的任何一位.无论如何，在这对情侣度假期间，这位神秘女郎极大地激发了薛定谔的灵感，使得他令人惊异地始终维持着一种极富创造力和洞察力的状态.因此，物理学家们说，薛定谔的伟大工作是在他生命中一段情欲极其旺盛的时期内做出的.薛定谔自己也不否认这一点.他认为，通过观看这个引人注目的女人，他找到了困惑科学界波粒二象性看似矛盾的关键.果然，之后的一年内，薛定谔接连不断地发表了6篇关于量子力学的重要论文，提出了著名的薛定谔方程.因此，在享受量子力学带给我们辉煌灿烂的科技成果的今天，我们也应该感谢这位神秘女郎的贡献.

综上所述，是“薛定谔的神秘女友”激发了薛定谔天才的想象力和灵感，使其建立了微观世界中粒子的波函数所遵循的薛定谔方程.然后，薛定谔不同意哥本哈根学派对波函数的解释，设计了“薛定谔的猫”的思想实验.用薛定谔自己的话来说，他要用这个“恶魔般的装置”让人们闻之色变.薛定谔说:“看吧，如果你们将波函数解释成粒子的概率波的话，就会导致一个既死又活的猫的荒谬结论.”因此，概率波的说法是站不住脚的!

这只猫的确令人愤愤不平，相关的争论一直持续到今天.连当今伟大的物理学家霍金也曾经愤愤地说:“当我听说薛定谔的猫的时候，我就想跑去拿支枪，干脆一枪把猫打死!”

在宏观世界中，既死又活的猫不可能存在，但许许多多的实验都已经证实了微观世界中叠加态的存在.总之,通过薛定谔的猫,我们认识了叠加态,以及被测量时叠加态的坍缩.

叠加态的存在,是量子力学最大的奥秘,是量子现象给人以神秘感的根源,是我们了解量子力学的关键.

第2章 量子“小妖精”

要正确地理解量子力学，追溯其发展的历史是非常必要的.量子力学不同于相对论和牛顿力学，它更少被罩上个别伟人的光环.它可以说是有史以来最出色和最富激情的一代物理学家集体努力的成果.纵观量子力学发展史，真可谓是群星璀璨、异彩纷呈.因此，让我们先回头看看历史.

说到当时的“那一代”物理学家，最令人瞩目的是他们的年龄.在这一点上，量子理论的发展可与近年来互联网公司的发展相提并论，都是一群年轻人的天下！看看当年那一批争奇斗艳、光彩夺目的科学明星吧！当他们对量子力学作出重要贡献时，大多数是20～30岁的年龄.这个事实正应了中国人常说的一句老话：“自古英雄出少年.”

让我们细数当初的青年物理学家们对量子力学作出重要贡献时的年龄[3]：

爱因斯坦1905年提出光量子假说，26岁；

玻尔1913年提出原子结构理论，28岁；

德布罗意1923年提出德布罗意波，31岁；

海森伯1925年创立矩阵力学，1927年提出不确定原理，24～26岁.

还有更多的年轻人：25岁的泡利，23岁的狄拉克，25岁的乌伦贝克，23岁的古德施密特，23岁的约尔当……

也有几位稍微年长一点的：36岁的薛定谔，43岁的玻恩，42岁的普朗克……

物理学家们将量子力学的诞生之日定为1900年12月14日.那是柏林干燥而寒冷的冬天，是普朗克在亥姆霍兹研究所的德国物理学会上宣读了他关于黑体辐射的论文的那一天.在此之前，虽然牛顿力学加上麦克斯韦方程建造的宏伟的物理大厦还巍然挺立，但天空已经阴云密布，一片“山雨欲来风满楼”的气氛弥漫其间.42岁的普朗克(M. Planck，图2.1)战战兢兢地伸出脑袋看看天，身边是“潘多拉的盒子”，这“妖精”该不该放出来呢？也许它能驱散乌云，恢复蓝天；也许它如同石头缝里蹦出的孙悟空，挥动金箍棒，将世界搅得天翻地覆.普朗克的直觉告诉他，结论会是后者.天性平和保守、反对怀疑和冒险的普朗克这次面对着一个两难局面：他既不愿意释放这个怪物出来扰乱世界，也不甘心将自己研究了6年的科学成果束之高阁.但是，“妖精”总是要出来的，天意不可违啊.最后，普朗克决定不惜任何代价，孤注一掷.于是，盒子被打开，量子力学这个精灵就此诞生了.[4]

图2.1　普朗克

上文描述了普朗克从经典物理学走向量子物理学时犹豫不决的踌躇心态，这一段历史，有普朗克在1931年写给好友伍德(W. Wood)的信为证.[5]

之后的一百多年，尽管量子物理学迎来了一个又一个里程碑，成果斐然，但由于它惊世骇俗、不同凡响的本质，犹如孙悟空难跳出如来佛的掌心，量子理论每前进一步似乎都举步维艰.

整个物理学界在争论些什么呢？其实，说穿了也很简单.那是最古老也最困惑人的问题：“光，到底是什么？物质，又是什么？”

用现代的语言说得再具体一些就是：“光和物质，到底是粒子还是波？”这个粒子说、波动说纠缠不清的问题，穿越时空几百年，引发了各种学说理论，伴随着越来越精确的实验验证，也招来了一场又一场持续不断的口水战.

在量子力学诞生之前，对此问题的争论有过一段时期的平静.那就是上文所说的“牛顿力学加上麦克斯韦方程建造的宏伟的物理大厦”辉煌鼎盛之时.当时的物理学界以为一切完满、天下太平，对光来说，牛顿的微粒说已经过时，古老的问题已经不是问题，答案犹如铁板钉钉：“光是一种电磁波，符合美妙无比的麦克斯韦方程；其余的物质粒子，则符合放之四海而皆准的牛顿力学.”

连躲在天国中的“拉普拉斯妖”也俯首下望，而且沾沾自喜地向世界宣称他的决定论：“一切都在控制之中.给我宇宙现在的状态，我将可以告诉你宇宙的过去和未来！”

然而，科学家们对世界的探索永远不会停止，探索的结果使晴朗的天空飘起了两片不起眼的小乌云，那是迈克耳孙-莫雷实验和有关黑体辐射的研究．两片小乌云使物理学界陷入了困境．一切想驱散乌云的努力都适得其反．乌云日积月累，越来越大，以至于发展到了压顶之势．

再后来，第一片乌云动摇了牛顿力学，引发了爱因斯坦的相对论革命；第二片乌云，则诞生了本书所讨论的量子理论．

黑体辐射问题到底给经典物理造成了哪些麻烦呢？物理学是以实验为基础的，当理论解释不了实验结果的时候，麻烦就来了．所谓黑体，是指对光不反射、只吸收，但却能辐射的物体．经典理论认为光是一种电磁波，然而，由经典物理、麦克斯韦方程推导得出的“维恩公式”和“瑞利-金斯公式”，却与黑体辐射的实验结果不相符合，甚至引出“当辐射的频率趋于无穷大时，辐射能量发散”的所谓“紫外灾难”这种荒谬结论．

普朗克出生于德国一个传统的家庭，他的曾祖父和祖父都是哥廷根大学的神学教授，他的父亲是基尔大学和慕尼黑大学的法学教授，他的叔叔也是哥廷根大学著名的法学家，德国民法典的重要创立者之一．普朗克从小受到良好的教育，具有很高的音乐天赋，他会弹奏钢琴、管风琴和拉大提琴，还作过曲，上过演唱课．普朗克虽然迷恋音乐，但却仍旧立志献身于科学，研究物理．也许年轻的普朗克正是被当时物理学美丽完满的宏伟大厦所折服了．有趣的是，当他来到慕尼黑大学时，一位物理学教授曾劝说他不要学习物理，这位教授认为：“这门科学中的一切都已经被研究过了，只有一些不重要的空白需要填补．”这句话正代表了当时大多数物理学家洋洋得意的心态．可是，执着的普朗克回答：“啊，我并不期望发现新大陆，只希望能理解已经存在的美丽的物理理论，或许能将其加深和发展那么一点点．”

和当时许多科学家一样，普朗克始终保持对音乐的兴趣．20 世纪初，他在柏林工作的那段时期，普朗克家的庄园成为一个科学家们社交的场所，许多知名学者常来常往，如一手写相对论、一手拉小提琴的阿尔伯特・爱因斯坦就是其中的活跃分子．在一起演奏音乐、讨论理论物理、争辩量子力学，是这一群人的共同爱好．

低调的普朗克原来未期望在物理研究中“发现新大陆”，却不经意地成了量子力学的创始人．当时，解释热力学中的辐射问题，主要有瑞利-金斯定律和维恩位移定律，前者适用于低频辐射，却无法解释高频率下的测量结果，并会导致紫外灾难；而维恩位移定律，可以正确反映高频率下的结果，但无法符合低频率下的结果．如何才能导出一个新的公式，使得高频率、低频率下都能符合实验结果呢？普朗克运用了玻尔兹曼的统计物理，把光当成一个一个谐振子，并且得出了谐振子的能量应该和频率成正比的结论.

按照普朗克自己的说法，他当时并没有想那么多，完全出于一种形式的假设，使用了一个巧妙而新颖的思想方法：辐射的是一个一个谐振子，也就是说，在黑体辐射时，能量就不是连续的，而是一份一份地发射出来的.在这种假设下，普朗克导出了一个新的公式，这个公式在频率较小时自动回到瑞利-金斯公式，在频率较大时又自动回到维恩公式.因此，新公式能在所有的频率范围与实验结果符合得很好！这就是普朗克1900年论文的主要内容.

实际上，1900年普朗克为解决这个黑体辐射的问题发表了好几篇论文，在12月的最后一篇文章[6]中，他引出了一个谐振子能量E和频率ν成正比的公式：

$$E = h\nu \tag{2.1}$$

其中，比例常数h后被称为普朗克常数.这个常数的数值是多少呢？为此，普朗克将这个公式又代回到黑体辐射的理论中，将理论得到的数值与实验结果的曲线相比较，最后就算出了这个比例常数h的数值($6.626\,069\,57\times10^{-34}$焦耳·秒)，由此诞生了这个“量子小妖精”.

刚才说过，普朗克毕竟是一个保守的德国物理学家，他只是按照科学方法办事，并未奢望要掀起一场革命，连他自己都不知道他已经把“量子”这个“妖精”引进了物理学，这个“妖精”的标签，就是那个著名的、被称为普朗克常数的普适常数h.当普朗克用战栗发抖的手打开潘多拉盒子后，蹦出来的“妖精”挥起的第一棒就将普朗克打晕了.因为在经典物理里，能量应该是连续的，而普朗克的新理论却假设能量只能是一份一份地被发射出来的，这看上去是否不可思议？普朗克有些后悔，认为自己制造的这个“量子妖精”破坏了物理学的完美，因此，他极力企图把它收回到潘多拉盒子中去.普朗克曾经花费15年的时光，试图找到一种经典物理方法来导出同样的公式，以解决黑体辐射问题.但是这个尝试却没有成功，“量子妖精”被放出来之后，便一发不可收拾，后来更是四方“挥舞金箍棒，大闹天宫”.

普朗克不喜欢这个“妖精”，当时也没有提出光量子的思想.直到1905年，26岁的爱因斯坦对光电效应的贡献[7]才真正使人们看到了量子概念所闪现的光芒.

如果说薛定谔的创意与他的红颜知己分不开，那么爱因斯坦的灵感又来自何方呢？我们没有找到足够的历史资料来回答这个问题，但毋庸置疑的是，1905 年是爱因斯坦生命中最具灵感的一年．提到爱因斯坦，人们更为熟知的是他的狭义相对论和广义相对论．相对论所解决的问题，的确是爱因斯坦从少年时代就开始认真思考的一个问题．16 岁的爱因斯坦曾经问自己："假如我跟随着光一起飞行，我会看到哪些奇异的景象呢?"光电效应所引发的，则是爱因斯坦对光的本质的另一类思考．爱因斯坦很为自己在解释光电效应时提出的"光量子"假说而骄傲，他说："这是我一生中最具革命性的思想．"

1903 年，爱因斯坦与他的大学同学米列娃・玛丽克结婚．1904 年，他们的儿子出生了．1905 年，爱因斯坦发表了 4 篇极其重要的论文：第一篇是解决光电效应问题的，这使他获得了 1921 年的诺贝尔物理学奖；第二篇提出确定分子大小的新方法，这使他得到了苏黎世大学的博士学位；第三篇建立了布朗运动的数学公式；第四篇提出惊世骇俗的狭义相对论，挑战了 200 年来牛顿的绝对时空观．

光电效应是怎么一回事呢？它说的是当用紫光照射金属表面时，金属中便有电子逸出．这种现象最早是由赫兹和勒纳德发现的．奇怪的是：即使是用微弱的紫光，也能从金属表面打出电子，而如果使用红光，尽管加大强度，也不能打出电子．换言之，光电效应的产生只取决于光的频率，而与光的强度无关．这个现象无法用光的麦克斯韦电磁波理论来解释．因为如果光被看作一种具有连续能量的波的话，不管是紫光还是红光，只要入射的强度足够大，就应该能激发出电子．也就是说，光的能量是连续的，与光的振幅即强度有关，而与光的频率即颜色应该无关．但是，实验结果却不是这样的．

爱因斯坦立刻想到了 5 年前普朗克的假设：只要将光辐射看成是一份一份的，便解决了黑体辐射的问题．现在，我们也可以应用类似的想法呀！不过，爱因斯坦比普朗克更进了一步，他认为不仅光场的能量是一份一份辐射出来的，而且光场本身就是由不连续的一个一个的"光量子"组成的，爱因斯坦借用普朗克的公式(2.1)：每一个光量子的能量 $E = h\nu$，它只与光的频率 ν 有关，而与强度无关．这里的 h 便是普朗克常数，那个被普朗克释放到世上来的"小妖精"！

爱因斯坦利用光量子的假说，圆满地解释了光电效应．因为光是由能量不连续的"光量子"组成的，每个光量子的能量必须达到一定数值，才能克服电子的逸出功，从金属表面打出电子来．而每个光量子的能量不是由强度决定的，只是由光的频率决定的（公式(2.1)）．虽然微弱的紫光光量子数目比较少，但是每个光量子的能量却足够大，所以能从金属表面打出电子来．而很强的红光，虽然光量子的数目很多，但每个光量子的能量不够大，不足以克服电子的逸出功，所以不能打出电子来．用个不恰当的比喻：光的频率决定了“光子先生”的个人魅力，有了足够的魅力，才能请出高傲的“电子小姐”．如果只是一大群草包“光子”，或是一伙“街头混混”，任何一个“电子小姐”都是决不肯露面的．在这里，光的强度也不是完全不起作用的，在频率正确的条件下，强度大表明合格的“光子先生”的数量多，请出的“电子小姐”的数量当然也多．

爱因斯坦的光量子假说一开始并不为很多人接受．哎，光不就是一种电磁波吗？它能精确地被麦克斯韦方程所描述，如今怎么又变成一个一个的光量子了呢？这不就像是已经被打倒在地的敌人——牛顿时代光的微粒说，又反攻倒算打回来了吗？其实，岂止反攻倒算，而是已经“鸟枪换大炮”，装备精锐，完全改头换面而来！还好，早在爱因斯坦出生的那一年，爱因斯坦还是个七八个月大的婴儿时，麦克斯韦（48 岁）就逝世了，没有听到这个令他伤心的消息．麦克斯韦一生反对进化论，想必也接受不了“量子论”这种古怪的“妖精”．不过麦克斯韦临终时念念不忘的，不是他的电磁理论，而是他的老婆．他的临终遗言是：“我的天父，求你看顾我的妻子！”

光量子的概念好像也不符合我们的日常生活经验．“波光粼粼”，多么富有诗意，谁能看出光是一粒一粒的呢？不过，这点倒不难理解，因为一个光量子的能量实在是太小了．比如，蓝光频率$\nu = 6.279\,691\,2\times10^{14}$赫兹，普朗克常数 $h = 6.6\times10^{-34}$ 焦耳·秒，因此，一个蓝光子的能量 $E = h\nu = 4\times10^{-19}$ 焦耳．这个数值很小，使我们感觉不到一份一份光量子的存在．

虽然爱因斯坦将普朗克的理论大大地推进了一步，但是普朗克并不买账．很长一段时间，他一直都拒绝接受爱因斯坦所谓“光量子”的概念．

这里又回到了老问题：光到底是粒子还是波？麦克斯韦的波动理论照样统治着物理界，普朗克和爱因斯坦只不过从左边、右边各自给了“她”一拳，“波动论”的腰身抖动了一下，又站稳了．普朗克说：“光仍然是波，只不过有时候一份一份地发射出来．”爱因斯坦说：“不但发射的时候，接收的时候也是一份一份的，光本来就是以量子的形式存在于空间里的．”

为什么是“一份一份”的呢？普朗克和爱因斯坦都没有回答这个问题.直到 1913 年，28 岁的玻尔提出了他的量子化的原子结构理论，才对这个问题给出了答案.当时，卢瑟福将原子类比于太阳系的“行星模型”时，碰到了根本性的困难：在经典力学的框架下，这种结构将是不稳定的.为此，玻尔灵机一动，在卢瑟福模型中也引进了普朗克常数 h，又是这个“小妖精”，又是使用公式（2.1）：$E=h\nu$.玻尔认为，与行星围绕太阳旋转有所不同，原子中的电子轨道，不是连续而任意变化的，而是只能处于一个一个分立的能级中.也就是说，电子轨道是量子化的.因为轨道是量子化的，电子只能从一个能级跃迁到另一个能级，跃迁时释放和吸收的能量便不能连续变化，而只能是“一份一份”的.

这个量子化的玻尔原子理论[8]，在当时取得了极大的成功，迎来了 10 年左右的辉煌.它不但成功地解释了原子稳定性、原子光谱谱线等问题，而且解释了光为什么是“一份一份”地被发射和吸收的.这使人们再一次体会到这个“量子妖精”蹦跳在微观物理世界中时产生的巨大威力.这时的量子力学，终于算是长成了一个任性调皮、亭亭玉立的精灵，正在潇潇洒洒地努力修炼，试图伺机大展身手.

接着便到了 1923 年，31 岁的德布罗意提出了德布罗意波[9]；1925 年，24 岁的海森伯创立了矩阵力学[10]；1926 年，37 岁的薛定谔建立了薛定谔方程[11].

在这接踵而至的一大批“英雄青年”们的努力下，“量子小妖精”进入了她的成熟期.

第 3 章　上帝掷骰子吗？

量子论虽然是许多年轻人创建的集体物理学，但领袖人物还是屈指可数的.

1900 年，普朗克的论文打开了潘多拉的盒子，释放出“量子”这个妖精.那年，爱因斯坦 21 岁，刚从瑞士的苏黎世工业大学师范系毕业，没能如愿留校担任助教，只能靠当“家教”维持生活；15 岁的玻尔，还只是哥本哈根一个顽皮的中学生.谁也料想不到，这两个年轻人在十几年后会成为物理学界的两大巨擘，而且，在量子理论的基本思想方面，两人进行了巅峰对决，展开了一场一直延续到他们去世的旷世之争.

玻尔与爱因斯坦的量子之争可以概括为一个著名的问题：上帝掷骰子吗？要解释清楚这个量子论中的哲学问题，我们首先介绍一下著名的杨氏双缝电子干涉实验.

杨氏双缝电子干涉实验比量子论的历史还要长一百多年.二百多年前，法国物理学家托马斯·杨用这个简单实验挑战牛顿的微粒说，证明了光的波动性.原始的实验装置异常简单，这个实验的影响却波及至今.杨用经过一个小孔的光作为点光源，点光源发出的光穿过纸上的两道平行狭缝后，投射到屏幕上.然后，观测者可以看到，屏幕上形成了一系列明暗交替的干涉条纹.干涉是波特有的现象，因此，实验中出现的干涉条纹是光的波动性强有力的证明(图 3.1(a)).

2002 年，《物理世界》杂志评出十大经典物理实验，“杨氏双缝电子干涉实验”名列第一.费恩曼认为，杨氏双缝电子干涉实验是量子力学的心脏，“包括了量子力学最深刻的奥秘”.

大家应该还记得我们在第 1 章提到过的量子力学中神秘的“叠加态”.双缝电子干涉实验证实了电子叠加态的存在.那么，这个实验是如何与量子力学相联系的？又如何揭示了量子力学中最深刻的奥秘？实验中哪儿出现了神秘的叠加态？这个实验与“上帝掷不掷骰子”又有什么关系？这些都是需要澄清的问题，且听我慢慢道来.

首先,为什么说双缝实验中的干涉条纹是波的特征呢?让我们简单说明一下条纹的形成.

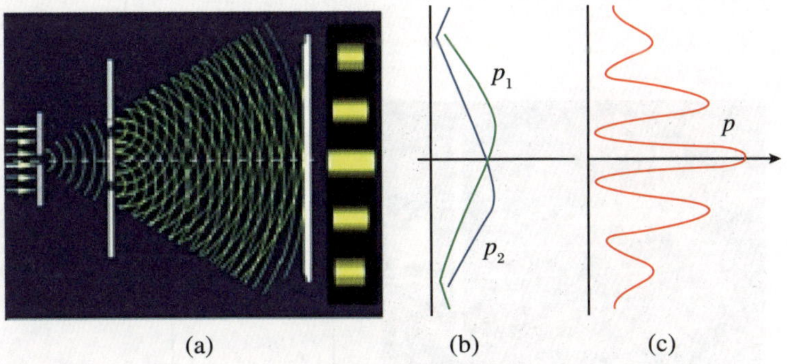

图 3.1　光波的双缝实验

请看图 3.1(a),点光源发出的光,作为一种波,抵达狭缝.根据惠更斯原理,波面上的每一点都是一个子波源.因此,经过两条狭缝之后的波,可被看作位于两条狭缝处的子波源所发出的两列波的叠加."波的叠加"意味着"振幅的叠加":如果两列波到达同一位置时,振动方向相同,叠加后振幅增大;如果振动方向相反,则互相抵消,使得叠加后振幅减小.由于叠加后的振动在不同位置的增大或减小,便形成了屏幕上明暗相间的干涉条纹(图 3.1(a)中右边的条纹图案).

图 3.1(c)表示的是光波在屏幕上的强度分布.我们看到的曲线 p 是一条上下振动的图像,这对应于明暗相间强度变化的干涉条纹.

如上所述,图 3.1(a)和(c)说明的都是"双缝实验"的情形,图 3.1(b)又是什么呢?那是两次"单缝实验"的结果.如果将两条缝中的一条狭缝遮住,就可以分别做两次单缝实验.我们发现,这两次单缝实验的结果都没有条纹,单缝实验光强度的分布,即波动振幅的平方,分别由图 3.1(b)中的曲线 p_1 和 p_2 表示.

我们再次研究图 3.1(b)和(c)中的曲线:p_1 和 p_2 是单缝实验的强度分布,p 是双缝实验的强度分布.显然,p 并不等于 p_1 和 p_2 的简单叠加,事实上,它对应的是两次单缝实验的波函数叠加后的平方.这是波动的特点,也是干涉条纹的来源.

如果用粒子来做双缝实验,会产生什么结果呢?读者会说:是用粒子,不是波,那就得不到干涉条纹了.答得很对,但是不要忘了,我们所谓的粒子有两种,除了经典意义下的粒子外,还有一种量子力学中的行为古怪的粒子.因此,我们遵循费恩曼设计的实验[12],对比一下光波、子弹和电子分别通过双缝时的不同行为.

光波的情况刚才已经说明了,如图 3.1 所示.图 3.2 则是用子弹(实际上是用尺度比微观粒子大得多的经典粒子)进行双缝实验的结果.

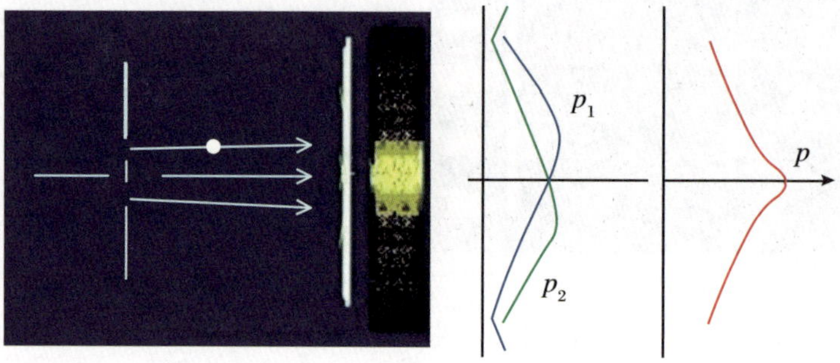

图 3.2　子弹的双缝实验

设想用一挺机关枪向狭缝扫射(图 3.2(a)),子弹的发射服从经典概率统计的规律.我们假设:一粒一粒地发射出来,而穿过狭缝到达了屏幕的子弹中,50%的概率是通过第一条缝而来的,50%的概率是通过第二条缝而来的.假设每个打到屏幕上的子弹形成一个亮点的话,发射一定数目的子弹之后,在屏幕上就有了一个亮点聚集而成的图像(图 3.2(a)右边部分).我们从实验结果发现:这个图像不同于波动的情形,它不是明暗相间的干涉条纹,而是从中心到两边,亮度逐渐均匀下降的图像,如图 3.2(c)中的曲线 p 所示.

类似于波动双缝实验,我们也可以分别将狭缝之一关闭,对另一个狭缝做两次子弹单缝实验,实验结果中的两条亮度分布曲线如图 3.2(b)中的 p_1 和 p_2 所示.比较图 3.1(b)和图 3.2(b),不难看出,子弹单缝实验结果与光波单缝实验结果几乎是相同的.然而,两种情形下的双缝实验结果完全不同.子弹双缝实验的结果 p,是两个单缝实验结果 p_1 和 p_2 的简单叠加,这是由经典概率的叠加性决定的.

综上所述,光波的双缝实验结果是一种相干叠加,体现了光的波动性;而子弹的双缝实验结果是非相干叠加,体现了子弹的非波动性,即粒子性.那么,如果我们用电子(或者光子及其他微观粒子)来做实验,结果又将如何呢?

类似于子弹的情形,我们可以用电子枪将电子一个一个地朝着狭缝发射出去，如图 3.3(a)所示．

顺便提醒一句，如果同样是用光来做这个实验，又不希望将光看作“波”，而要看作一粒一粒的光子的话，我们可以将光源的强度降低，直到每次只发出一个光子的能量．这就和用电子枪发射电子来进行实验的情况一样了．因此，对于这第三种实验情形，我们以电子为代表．

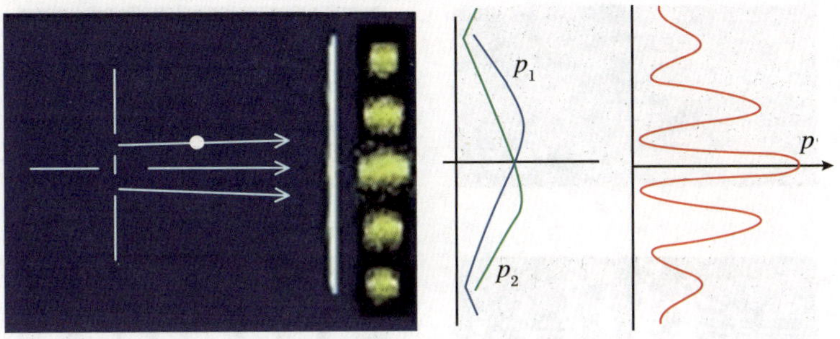

(a) (b) (c)

图 3.3　电子的双缝实验

电子的单缝实验结果如图 3.3(b)所示，曲线 p_1 和 p_2 与光波和子弹实验时一致．然而，电子双缝实验的结果 p 却和子弹的情形大相径庭，而与光波的一样，屏幕上出现了干涉条纹！

这个结果令物理学家们感到意外，因为，如果我们用经典的图像来看待实验中的电子，它和机枪发射的子弹差不多，是由电子枪一个一个地发射出去的．在经典物理中，我们认为电子是粒子．既然是粒子，它的宏观轨道行为应该和子弹没有实质的差别．做双缝实验时，虽然两条缝都是打开的，但是每一个电子应该像一个子弹那样，只能通过其中的一条缝到达屏幕．这样，结果就应该和子弹的结果一样，应该属于非相干叠加．

实验观察结果也显示，电子的确是像子弹那样，一个一个地到达屏幕，如图 3.4 所示，对应于到达屏幕的每个电子，屏幕上出现一个亮点．随着发射的电子数目的增加，亮点越来越多……当亮点多到不容易区分的时候，接收屏上显示出了确定的干涉图案．这是怎么一回事呢？这干涉从何而来？从电子双缝实验，我们会得出一个貌似荒谬的结论：一个电子同时通过了两条狭缝，然后，自己和自己发生了干涉！

让我们利用量子论的概念来理解电子这种不同寻常的非经典行为．实验中的电子同时穿过了两条狭缝，不就是与我们在第 1 章中说过的“电子处于一种叠加态，既在位置 A，又在位置 B”的情形相似吗？作为量子论中的叠加态粒子，每个电子（或光子）将“既走这条缝，又走那条缝”. 难道它们真像孙悟空一样，有分身术？一个孙悟空到了两条狭缝处，就变成了两个孙悟空，同时穿过了两条狭缝！然后，真假孙悟空又自己跟自己打起来了！争斗的结果，有可能是双赢，变出一个大孙悟空，打得屏幕上异常明亮；也有可能两败俱伤，真假悟空全死光，那时，就对应于屏幕上暗淡的地方.

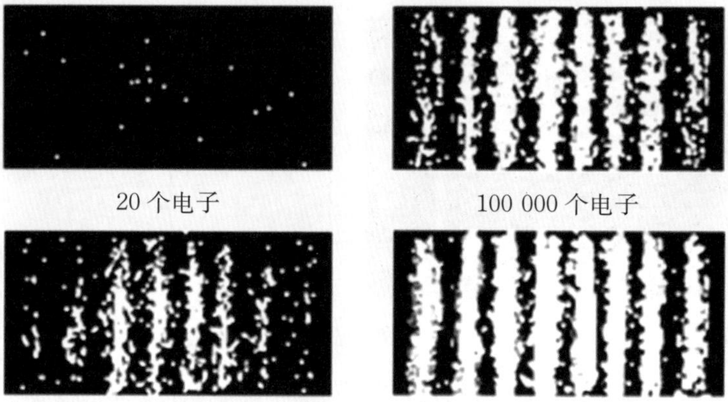

20 个电子　　100 000 个电子

1 000 个电子　　几百万个电子

图 3.4　双缝电子干涉示意图

因此，双缝实验的结果表明：电子的行为既不等同于经典粒子，也不等同于经典波动，它和光一样，既是粒子又是波，兼有粒子和波动的双重特性. 这就是波粒二象性.

读者也许会说：我们应该可以测量出来每个电子到底是穿过哪条狭缝过来的. 不错，物理学家们也是这样想的. 于是，他们便在两个狭缝口上放两个粒子探测器，以判定真假孙悟空到底走哪一边. 然而这时奇怪的事又发生了：两个粒子探测器从来没有同时响过！那好呀，这说明还是只有一个孙悟空，并没有分身. 实验者感觉松了口气，刚刚想思考思考这干涉条纹的事，回头一看屏幕. 咦，哪有什么干涉条纹呀？物理学家们反复改进、多次重复他们的实验，却只感到越来越奇怪：无论我们使用何种先进测量方法，一旦想要观察电子到底通过哪条狭缝，干涉条纹就立即消失了！也就是说，假孙悟空太狡猾了，他好像总能得知我们已经设置了抓他的陷阱，便隐身遁形不露面. 当你想仔细看看他们的行踪时，孙悟空便不用分身术了. 那时，没有真假孙悟空间的战争，战场上也就没有了叠加和死伤，一切平静，实验给出了经典的结果：和子弹实验的图像一模一样！后来，物理学家们给这种“观测影响粒子量子行为”的现象取了一个古怪的名字，叫作“波函数坍塌”. 这就是说：量子叠加态一经测量，就按照一定的概率塌缩到一个固定的本征态，回到经典世界. 而在没有被测量之前，粒子则是处于“既是此，又是彼”的混合叠加不确定状态. 因此，我们无法预知粒子将来的行为，只知道可能塌缩到某个本征态的概率.

以上解释使用的基本上是以玻尔为代表的哥本哈根学派对量子论的诠释. 换言之，孙悟空具有分身而同时穿过两个洞的本领，但是，你无法得知他这功夫究竟是怎么回事，他绝不会让你看到他玩分身术的详情，他只让你知道几个概率. 上天派他到人间来掷骰子!

爱因斯坦不同意哥本哈根学派的诠释，生气地说：“玻尔，上帝不会掷骰子!”

玻尔一脸不高兴地说：“爱因斯坦，别去指挥上帝应该怎么做!”

几十年后的霍金，看着历年的实验记录，有些垂头丧气地说：“上帝不但掷骰子，他还把骰子掷到我们看不见的地方去!”

上帝掷骰子吗? 尽管霍金之言给出了肯定的答案，但至今这似乎仍然是个悬而未决的问题.

上帝是否掷骰子的问题，海森伯(W. Heisenberg，图 3.5)的不确定原理也给了一个典型的概括. 德国物理学家海森伯来到这个世界正是时候，比量子力学的诞生还晚一年呢! 对这个一起长大的“妖精”，海森伯再了解不过了. 所以，他早早地就看透了它的本质. 23 岁时，海森伯用难懂的矩阵力学为量子力学的发展打牢了基础. 26 岁时，他又提出了反映这个“妖精”本性的不确定原理.

图 3.5　海森伯

不确定原理是说，对微观粒子而言，我们不能同时精确地确定其运动的坐标和动量，可表示为

$$\Delta x \cdot \Delta p \geqslant \hbar \quad (3.1)$$

式中，Δx 表示粒子坐标 x 的测量误差，Δp 表示动量(mv)的测量误差，这两个误差的乘积不能小于约化普朗克常数$\hbar$. 我们前面说过，$\hbar$是一个很小的量. 因此，它对宏观物体的测量毫无影响. 电子、原子、分子等微观粒子的运动规律与宏观物体的运动规律是迥然不同的. 不确定原

理也被称为测不准原理.从量子论的观点来说,把它叫做“不确定原理”更恰当一些.但如果使用经典的图像来想象微观世界的话,叫做“测不准”可能更容易为一般读者所理解.比如,以测量电子为例,所谓测量,一定要使用测量方法和工具,要对电子进行测量,最好的方法就是使用激光去与电子相互作用.对于原子中的一个电子,从经典角度看,它的运动轨道是如此之小(10^{-10}米),它的运动速度又是如此之快(10^6米/秒),在这种快速运动情形下的电子,被测量它的光子顶头一撞,速度和位置全变了,又怎么可能测得准呢?

比如,利用光被电子散射这个事实可以测量电子的位置,但不可能将粒子的位置确定到比光的波长更小的范围.所以,要想将位置测量准确,必须用更短波长的光,而波长更短的光子具有更大的能量,就会对电子的速度产生更大的扰动,使得速度更不能被测准,反过来说也是一样.

说到这里,也可以顺便解释一下上面的子弹双缝实验中没有干涉条纹的原因.也就是说,即使我们将量子力学的规律套用在经典的子弹上,也得不出干涉图像,这也是因为普朗克常数 h 实在太小了.

这个小小的 h 的确是个名副其实的“量子小妖精”,表现微观世界奇妙本性的事情都离不了它!光量子能量和频率的关系式(2.1)中有它,刚才提到的不确定原理式(3.1)中有它,下面我们要介绍的德布罗意物质波公式中也有它!

物理学家路易·德布罗意(L. V. de Broglie,图 3.6)出身于法国的贵族世家,是法国著名的外交和政治世家德布罗意公爵家族的后代.非常难得的是,路易和他的哥哥摩里斯都立志研究物理,并双双成为卓有贡献的物理学家.传说德布罗意仅仅用一页纸的论文获得了他的博士学位,此言不是事实,并且,不管他的论文到底是一页纸还是几十页纸,其价值必定不菲.因为在这篇论文中,德布罗意提出了“物质波”的新思想,从而推论出光和物质的波粒二象性.因为这篇论文涉及的观念太新颖,连他的导师郎之万也琢磨不透,于是他将这篇论文

图 3.6 德布罗意

寄给爱因斯坦审阅.爱因斯坦肯定了论文,兴奋地回信:“他已经掀起了面纱的一角!”正是这篇文章,不仅让德布罗意如愿以偿地拿到了博士学位,还使他赢得了 1929 年的诺贝尔物理学奖.

根据德布罗意的想法,任何运动的粒子都伴随着一个“物质波”,也称德布罗意波,这个波的波长 λ 和粒子的动量 p 之间有如下关系:

$$\lambda = \frac{h}{p} \tag{3.2}$$

“小妖精”$h = 6.626\,069\,57\times10^{-34}$ 焦·秒在这里又起作用啦!举例来说:对于 50 克的子弹,其速度为 300 米/秒,尺度在厘米数量级,可算出德布罗意波长 λ 大约为 10^{-32} 厘米的数量级,大大小于子弹的尺度,故其波动性可以忽略不计.

第 4 章　世纪之争

现在，让我们再回到玻尔和爱因斯坦有关量子理论的争论（以下简称“玻爱之争”）[13]．

图 4.1　玻尔

玻尔（图 4.1）是丹麦的犹太人，他在 1920 年至 1960 年一直担任哥本哈根大学理论物理研究所所长，其间成为量子力学哥本哈根学派的领导人．

爱因斯坦和玻尔两人都是伟大的物理学家，对量子理论的发展都作出了杰出的贡献，分别因为解决光电效应问题和提出量子化原子模型而获得 1921 年和 1922 年的诺贝尔物理学奖．爱因斯坦和玻尔的争论主要是有关量子力学的理论基础及哲学思想方面．实际上，也正因为这两位大师的不断论战，量子力学才在辩论中发展成熟起来．爱因斯坦终生反对量子论，他提出了一个又一个的思想实验，企图证明量子论的不完备性和荒谬性．在他们逝世之后，这场论战仍在物理学界继续进行．但遗憾的是，直到目前为止，每次的实验结果似乎并没有站在爱因斯坦这位伟人这边．

这场有关量子论的大论战搅得它的创立者们寝食难安、夜不能寐，当年在世的物理学家几乎全都被牵扯其中．学术界的纷争能促进学术的进步，但也能损害学者们的生理和心理健康，甚至导致有些物理学家因此而自杀．

1909 年，著名的奥地利物理学家玻尔兹曼在意大利度假的旅店里上吊自杀．玻尔兹曼性格孤僻内向，沉浸在他的“原子论”与奥斯特瓦尔德的“唯能论”不同见解的斗争中．这场论战与量子论之争没有多少关系，以玻尔兹曼的取胜而告终．但是，长期的辩论过程使玻尔兹曼精神烦躁，不能自拔，痛苦与日俱增，最后只能用自杀的方式来摆脱心中的一切烦恼.玻尔兹曼的死使学者们震惊,也在一定程度上影响了荷兰物理学家埃伦费斯特(P. Ehrenfest).后者曾经师从玻尔兹曼,是爱因斯坦的好友,其"浸渐假说"与玻尔的对应原理,是在经典物理学和量子力学之间架起的两座桥梁.埃伦费斯特于 1933 年 9 月 25 日饮弹自尽.爱因斯坦认为导致好友走向死亡的根本原因在于:埃伦费斯特对解决他面前的科学任务感到力不从心.

玻尔和爱因斯坦两人的第一次交锋是在 1927 年的第五届索尔维会议.那可能算是一场前无古人、后无来者的物理学界群英会.这张 1927 年的会议历史照片(图 4.2)中,全是鼎鼎大名的科学家,使人不能不吃惊.

图 4.2　1927 年的第五届索尔维会议

第三排:奥古斯特·皮卡尔德、亨里奥特、保罗·埃伦费斯特、爱德华·赫尔岑、顿德尔、埃尔温·薛定谔、维夏·菲尔特、沃尔夫冈·泡利、维尔纳·海森伯、福勒、里昂·布里渊

第二排:彼得·德拜、马丁·努森、威廉·劳伦斯·布拉格、亨德里克·安东尼·克雷默、保罗·狄拉克、阿瑟·康普顿、路易·德布罗意、马克斯·玻恩、尼尔斯·玻尔

第一排:欧文·朗缪尔、马克斯·普朗克、玛丽·居里、亨德里克·洛伦兹、阿尔伯特·爱因斯坦、保罗·朗之万、古耶、查尔斯·威尔逊、欧文·理查森

索尔维是一位对科学感兴趣的实业家,因发明了一种制碱法而致富.据说索尔维有钱后自信心倍增,发明了一种与物理实验和理论都扯不上关系的、有关引力和物质的荒谬理论.尽管物理学家们对他的理论不屑一顾,但对他所举办的学术会议却都会积极参加.因此,当年那几届索尔维会议就变成了关于量子论的大型研讨会,也就是"玻爱之争"的重要战场.

"玻爱之争"中有三个回合值得一提,分别在 1927 年、1930 年的索尔维会议上,以及爱因斯坦等人 1935 年发表的一篇文章中.

爱因斯坦对量子论的质疑要点有三个方面，也就是爱因斯坦始终坚持的经典哲学思想和因果观念：一个完备的物理理论应该具有确定性、实在性和局域性.

爱因斯坦认为，量子论中的海森伯原理违背了确定性. 根据海森伯的不确定原理，一对共轭变量(比如，动量和位置，能量和时间)是不能同时准确测量的：当准确测定一个粒子在此刻的速度时，就无法测准其在此刻的位置；或者是，当准确测定一个粒子的能量时，就无法测准此刻的时间. 因此他说："上帝不掷骰子!"

这里所谓的"上帝掷骰子"，不同于人掷骰子. 当今的科学技术领域中，统计和概率是常用的数学工具. 人们应用统计方法来预测气候的变化、股市的走向、物种的繁衍、人心的向背. 几乎在各门学科中，都离不开"概率"这个词. 然而，我们在这些情况下应用概率的规律，是由于我们掌握的信息不够，或者是没有必要知道那么多. 比如，当人向上抛出一枚硬币，再用手接住时，硬币的朝向似乎是随机的，可能朝上，也可能朝下. 但这种随机性是因为硬币运动不易控制而使我们不了解硬币从手中飞出去时的详细信息. 如果我们对硬币飞出时的受力情况知道得一清二楚，就完全可以预知它掉下来时的朝向，因为硬币实际上遵从的是完全确定的宏观力学规律. 而量子论不同于此，量子论中的随机性是本质的. 换句话说，人掷骰子，是外表的或然；上帝掷骰子，是本质的或然.

前面曾说到，我们似乎可以从电子的经典图像来理解不确定原理. 实际上，爱因斯坦也并非完全否定这个有许多实验支持的原理，他只是不同意哥本哈根学派的诠释而已. 即使双方都同意不确定原理，也还可以有不同的解释. 比如，相信存在论的人可以说：对，因为测量方式中使用的光子能量和电子能量在同一个数量级，测量时必然会影响电子的运动，造成无法测准. 然而，这是测量的问题，不是电子的固有属性. 也就是说，即使不能测准，一个电子在一个固定的时刻应该具有一个确定的动量和一个确定的位置，这两个数值"客观存在"在那儿，不管我们测不测它，也不管我们能不能测准它.

哥本哈根学派又是如何看这个问题呢？他们认为：微观电子处于一种"叠加态". 如果在某个表象中，动量有确定数值的话，粒子就处在位置可以取各种数值的叠加态中，也就是：电子同时既在 x_1，又在 x_2，又在 x_3，又在 x_4……电子同时可以在空间的所有位置，只是在每个位置的概率不同而已. 测量之前的电子不存在所谓确定的位置. 只有电子被测量，它的叠加态波函数才坍缩到某个

x 值.

爱因斯坦一方坚持的所谓实在性,则类似于我们熟知的唯物主义,认为物质世界的存在不依赖于观察手段.月亮实实在在地挂在天上,不管我们看它,还是不看它.局域性的意思则是说:在互相远离的两个地点,不可能有瞬时的超距作用.

1927 年 10 月,是布鲁塞尔鲜花盛开、红叶飘零的季节,著名的第五届索尔维会议在此召开.如图 4.2 所示,这次会议群贤毕至,济济一堂.在这次与会的 29 人中,有 17 人获得(或后来获得)了诺贝尔物理学奖.他们的成就大多与量子力学的发展密切相关,不知是英雄造时势,还是时势造英雄.总之,那确实是物理学史上一个英雄辈出的年代.

我们似乎从这张老照片众多闪光的名字中看到了量子论两大门派各路英雄一个个生动的形象:每个人都身怀绝技,带着自己的独门法宝,斗志昂扬、精神抖擞,应邀而来.

玻尔高举着他的"氢原子模型",玻恩念叨着"概率",德布罗意骑着他的"物质波",康普顿西装上印着"效应"二字,狄拉克夹着一个"算符",薛定谔挎着他的"方程",身后还藏了一只不死不活的"猫",布拉格手提"晶体结构"模型,海森伯和他的同窗好友泡利形影不离,两人分别握着"不确定原理"和"不相容原理",埃伦费斯特也紧握他的"浸渐原理"大招牌……

最后登场的爱因斯坦,当时四十多岁,还没有修成像后来那个一头白发乱飘的仙风道骨形象.不过,他举着划时代的两面相对论革命大旗,头顶光电效应的光环.因此,他洋洋洒洒跨辈分地坐到了第一排老一辈物理学泰斗们的中间.那儿有一位德高望重的白发老太太——镭和钋的发现者居里夫人.另外,我们还看到了许多其他大师们的丰功伟绩:洛伦兹的"变换"、普朗克的"常数"、郎之万的"原子论"、威尔逊的"云雾室"……

尽管他们每次个人都身怀绝技,各自都有不同的独门功夫,但他们心中都藏了一个量子妖精——由他们共同哺育喂大的小精灵.这精灵到底是人还是神?是鬼还是妖?是真还是假?诸位大师们对此莫衷一是,众说纷纭.

两派人马旗鼓相当:玻尔的哥本哈根学派人数多一些,但爱因斯坦身后站着薛定谔和德布罗意,三个重量级人物,不可小觑.

最后,就正式会议来说,这是量子论一次异常成功的大会,玻尔掌门的哥本哈根学派和它对量子论的解释大获全胜.闭幕式上,爱因斯坦一直在旁边按兵不动,沉默静坐,直到玻尔结束了关于

“互补原理”的演讲后，他才突然发动攻势：“很抱歉，我没有深入研究过量子力学，不过，我还是愿意谈谈一般性的看法.”然后，爱因斯坦用一个关于α射线粒子的例子表示了对玻尔等学者发言的质疑.虽然，他当时的发言相当温和，但是，在正式会议结束之后几天的讨论中，火药味就浓多了.根据海森伯的回忆，常常是在吃早餐的时候，爱因斯坦设想出一个巧妙的思想实验，以为可以难倒玻尔，但到了晚餐桌上，玻尔就想出了招数，一次又一次地化解了爱因斯坦的攻势.当然，到最后，谁也没有说服谁.

1930年秋，第六届索尔维会议在布鲁塞尔召开，群龙再聚首.早有准备的爱因斯坦在会上向玻尔提出了他的著名的思想实验——“光子盒”.

实验的装置是一个一侧有一个小洞的盒子，洞口有一块挡板，里面放了一只能控制挡板开关的机械钟.小盒里装有一定数量的辐射物质.这只钟能在某一时刻将小洞打开，放出一个光子来.这样，它跑出的时间就可以被精确地测量出来了.同时，小盒悬挂在弹簧秤上，小盒所减少的质量，即光子的质量，便可测得，然后利用质能关系 $E=mc^2$ 便可得到能量的损失.这样，时间和能量都同时被测准了，由此可以说明不确定关系是不成立的，玻尔一派的观点是不对的.

描述完他的光子盒实验后，爱因斯坦看着哑口无言、搔头抓耳的玻尔，心中暗自得意.没想到只经过了一个夜晚，第二天，玻尔居然“以其人之道，还治其人之身”，找到了一段更精彩的说辞，用爱因斯坦自己的广义相对论理论，戏剧性地指出了爱因斯坦这一思想实验的缺陷.

光子跑出后，挂在弹簧秤上的小盒质量变轻，即会上移.根据广义相对论，如果时钟沿重力方向发生位移，它的快慢会发生变化，这样的话，那个小盒上机械钟读出的时间就会因为这个光子的跑出而有所改变.换言之，用这种装置，如果要测定光子的能量，就不能够精确控制光子逸出的时刻.因此，玻尔居然用广义相对论理论中的红移公式，推出了能量和时间遵循的不确定关系.

无论如何，尽管爱因斯坦当时被回击得目瞪口呆，却仍然没有被说服.不过，他自此后不得不有所退让，承认了玻尔对量子力学的解释不存在逻辑上的缺陷.“量子论也许是自洽的，”他说，“至少是不完备的.”

玻尔虽然机敏地用广义相对论的理论回击了爱因斯坦“光子盒”模型的挑战，但是他自己心中仍然不是十分踏实，自觉辩论中有些投机取巧的嫌疑！从经典的与量子理论无关的广义相对论出发，是应该不可能得到量子力学的不确定原理的，这其中许多疑问仍然有待解答. 况且，谁知道爱因斯坦下一次又会想出些什么新花招呢？玻尔口中不停地念着："爱因斯坦、爱因斯坦……爱因斯坦、爱因斯坦……"心中不由得浮起一种"既生瑜，何生亮"的感慨. 玻尔对这第二个回合的论战始终耿耿于怀，直到 1962 年去世，他的工作室的黑板上还画着当年爱因斯坦那个光子盒的草图.

"玻爱之争"的第三个回合是在 1935 年，这场论战达到了它的顶峰. 这就是我们第 6 章要讲到的 EPR 佯谬，它将引领我们进入本书的主题：量子纠缠.

第5章 狄拉克的世界

笔者在讲“玻爱之争”的第三个回合之前，先插入一段狄拉克对量子力学的贡献.

图5.1 狄拉克

英国物理学家保罗·狄拉克(P. Dirac，图5.1)1902年出生于英格兰的布里斯托，他的风格是以精确和沉默寡言而著称.你听过“狄拉克单位”吗？它不是狄拉克在物理学中的创造，而是当年剑桥大学的同事们描述狄拉克时所开的善意的玩笑，因为他们将“1小时说1个字”定义为1个“狄拉克单位”.狄拉克的少言寡语可能与他少时成长的家庭环境有关.狄拉克的母亲是英国人，而他的父亲是来自瑞士的移民.父亲是一位法语教师，对家人严厉而专制.他规定孩子们只能说法语.据狄拉克自己回忆，家中完全没有社交气氛，即使是家人之间，话也极少.每次用餐之时，母亲和狄拉克的哥哥费利克斯及妹妹坐在厨房里吃饭，而狄拉克和父亲坐在餐桌上，狄拉克法语不好，父亲又不听英语，因此，他便宁愿选择不吱声.后来，狄拉克和费利克斯同在布里斯托大学学工程，兄弟俩即使在街头碰见也互不言语.因此，狄拉克从小就对家人间无交流的现象习以为常，直到哥哥费利克斯于1925年自杀之事使父母悲痛万分，他才明白：“原来父母是很在乎我们的.”

狄拉克对量子理论的贡献可以说是无与伦比的.他在1925至1927年所做的一系列工作为量子力学、量子场论、量子电动力学及粒子物理奠定了基础.

狄拉克是一个少见的“纯粹”的学者型人物，玻尔曾说：“在所有物理学家中，狄拉克拥有最纯洁的灵魂.”他除了不说废话之外，物质生活上也极为简单，不喝酒，不抽烟，只喝水，别无他求，其他方面的兴趣也很少，最大的业余兴趣就是散步.

剑桥大学位于风景秀丽的剑桥镇，著名的康河横贯其间.狄拉克在每天早晨和傍晚都悠然漫步在校园内、康河旁，每个星期天便带着午餐步行一整天.说到剑桥，我们中国人最容易联想到的是著名诗人徐志摩的《再别康桥》:“轻轻的我走了，正如我轻轻的来；我轻轻的招手，作别西天的云彩.那河畔的金柳，是夕阳中的新娘；波光里的艳影，在我的心头荡漾……”同样是20世纪20年代，同在剑桥，也许中国的诗人和英国的学者曾经擦肩而过.不过，他们心头荡漾的波光艳影却完全是两码事.狄拉克特别追求物理规律的数学美，有关科学和诗的比较，他还有一段精彩评论，令人听后不禁莞尔.他说:“科学是以简单的方式去理解困难事物，而诗则是将简单事物用无法理解的方式去表达，两者是不相容的.”

1925年夏天，是剑桥最美的季节，康河一泓碧水，两岸垂柳成荫，海森伯来剑桥访问.当时，量子论的三个研究中心分别是德国的慕尼黑大学、哥廷根大学和丹麦的哥本哈根大学，狄拉克在英国算是有点孤军奋战.海森伯与狄拉克个性完全不一样，海森伯能言善辩，大胆质疑，他就是于1922年在玻尔的一次演讲会上与玻尔直言不讳、激烈辩论而被玻尔看中招到哥本哈根去做研究的，当时他才21岁，正是“初生牛犊不怕虎”的年龄.

有关海森伯与狄拉克个性迥异这点，后来还有一个有趣的小故事:1929年海森伯与狄拉克一同去日本参加学术会议.海森伯喜欢社交，在晚会上经常与女孩子跳舞，狄拉克则只是静坐旁观.一次他问海森伯为何这么喜欢跳舞，海森伯说:“和好女孩跳舞是件很愉快的事啊!”狄拉克听后沉思无语，好几分钟之后冒出一句:“还未测试，你如何能判定她是个好女孩呢?”

我们再回到1925年，海森伯到剑桥访问之前.当年的海森伯染上了一种流行热病，脸肿得像烤出来的大圆面包，以至于他的房东偶然撞见后吓了一大跳，还以为是和别人打架而致的.因此，海森伯不得不到北海的赫尔戈兰岛休养一段时间.在那远离喧哗的小地方，倒是激发了海森伯非凡的科学灵感，他构想出了对量子力学的最新突破——后来被称作“矩阵力学”的理论.海森伯虽然为这新思想而激动，但又心中无底，不知到底是对是错.因为他的理论中得出的矩阵乘法互相不对易.我们现在对不对易的矩阵已经司空见惯，而海森伯等物理学家在那之前，却还不知道矩阵为何物，因此，他为这“不对易”性有些惶惶不安. 所以，在剑桥访问期间，他只在一个小型俱乐部的学术报告中提到了自己这方面的工作. 当时，狄拉克不是那个俱乐部的成员，所以没有去听这次演讲. 而直到两个月之后，才从指导教师福勒那儿得到了海森伯的文章. 福勒希望听听狄拉克对海森伯艰涩难懂的量子力学矩阵描述有何看法.

那是 1925 年 9 月的一个周日，狄拉克一如既往地带着午餐散步一整天. 他望着剑桥大学各个学院瑰丽庄严的古堡式的校舍、建筑、周围康河边美不胜收的绮丽风光，脑海中总在盘旋着海森伯那个奇怪的乘法规则：$p\times q\neq q\times p$. 尽管海森伯本人对此感到困惑，狄拉克却直觉地认为这正是新理论的精辟之处. 并且，精通数学的狄拉克看着那个不等式觉得眼熟，似曾相识. 在哪儿见过呢? 突然，脑海中灵光一现，狄拉克想起了经典的泊松括号，与此不是很相似吗?

后来，狄拉克由泊松括号和海森伯的矩阵表格再继续想下去，悟出了隐藏在海森伯矩阵力学中深奥的代数本质，创造了互不对易的所谓“q 数”间的运算规则，并以此发展出一个漂亮的量子力学符号运算体系. 此外，他用以表示量子态的著名的左矢($\langle|$)、右矢($|\rangle$)等“狄拉克符号”，也都是他那些天悠哉悠哉散步时，灵机一动，形式地将泊松括号拆开而创造出来的.

紧接着，薛定谔将德布罗意波的概念扩大到了一般量子体系的波函数 $\psi(x)$，又得出了波函数所遵循的波动方程. 后来，薛定谔、泡利、约尔当都各自证明了薛定谔方程和海森伯的矩阵力学两者既互相等价，又彼此互补. 这个结论使得喜欢微分方程、讨厌矩阵的物理学家们大大地松了一口气.

狄拉克十分追求物理理论的“数学美”，其实这一点与徐志摩一类的诗人追求的“意境美”是一致的. 狄拉克喜欢单独一个人玩数学，摆弄方程式，量子力学在他神奇的手里被玩来玩去，最终被极为美妙地数学化、形式化. 他将众多物理学家们养大的这个“量子妖精”用逻辑清晰、简洁而奇妙的数学理论装扮成了一个清纯美丽的天使.

据狄拉克自己声称，大学时代接受的工程教育对他的物理研究工作影响深远，使他明白了做科学研究时要“容许近似”，不可能有“完全正确”的方程式，而近似的理论照样能表现出惊人的“数学美”. 他创立的狄拉克 δ 函数即为一例，这个不符合经典函数理论的“怪异函数”，最终在物理和工程中被广为应用，不仅成为科学家和工程师们处理不连续情形时最强有力的工具，而且成为最早定义的“广义函数”，由此启迪了泛函分析这个函数论发展中的重要分支．狄拉克对“数学美”极端追求，以至于在1963年《美国科学人》的一篇文章中，他写出如此超凡脱俗的话：“使一个方程具有美感比使它去符合实验更重要．”

狄拉克意识到，分别独立发展起来的量子论和狭义相对论将成为现代物理的两大支柱，必须集这两者之大成，找出电子的相对论性运动方程．一次到哥本哈根的访问中，狄拉克与玻尔谈及自己正在进行的这项工作，玻尔却认为这方面已经有了克莱因-戈登方程，不需要再研究了，狄拉克却不满意克莱因-戈登方程，因为它会导致解释不通的负概率和负能量的问题．

我们在附录A中，简要地介绍了狄拉克方程的导出过程，想对此了解更深入些的读者可参考附录A．

狄拉克于1928年发表了他的相对论性电子运动方程，即著名的狄拉克方程，实现了量子力学和相对论的第一次综合[14]．这个方程不会像克莱因-戈登方程那样导致负概率的出现，并且与电子快速运动的实验符合得很好，得到物理学界的认可．

狄拉克方程是将数学中旋量的概念引进量子力学，之前一年，泡利也曾经用“旋量”来解释电子的自旋，但狄拉克通过狄拉克方程，更系统、更美妙地描述了电子这一个极其重要的内秉性质，充分体现出量子理论的“数学美”．

不过当时，狄拉克方程的解中，仍然有一个结果令狄拉克困惑．这一点和克莱因-戈登方程的结果一样，会导致电子可以具有“负能量”状态的荒谬结论．因为如果存在这种状态的话，所有的电子便都可以通过辐射光子向这个最低能态跃迁，这样一来，整个世界应该在很短的时间内毁灭，但这显然与事实不符，我们的世界稳稳当当地存在着，并未毁灭．为了克服这一困难，狄拉克发挥了他天才的想象能力，他想象我们世界所谓的“真空”已经被所有具有负能量的电子填满了，只是偶尔出现一两个“空穴”．因为最低能量态已经填满了，电子便不可能跃迁，由此而避免了世界毁灭的结论．这个被负能量电子填满了的真空，叫做“狄拉克海”．而狄拉克海中偶尔出现的“空穴”泡泡又是什么呢？狄拉克说，那些空穴应该在所有方面都具有和负能量的电子相反的性质，那就是说，一个“空穴”应该是一个电荷为正、能量为正的粒子．如果我们世界中的正能量电子碰到这样的“空穴”，就会辐射光子而向这个偶然出现的负能量跃迁，最后的结果是电子没有了，空穴也没有了，它们的能量转换成了光子的能量.说到这里,很多读者都想到了,这就是我们现在所说的:电子碰到正电子时发生的"湮灭"现象.那么,"空穴"就是被物理学家们后来称为正电子的东西.

当时的狄拉克也许只是为了追求他的理论的"数学美",而作出的能自圆其说的美丽假设.可没想到,在1932年从美国加州理工学院传来一条令人吃惊的消息:卡尔·戴维·安德森(C. D. Anderson)在研究宇宙射线的云室里,发现了一种与狄拉克假设的"空穴"一模一样的新粒子——正电子!这是人类第一次发现的反物质,这个实验为狄拉克赢得了1933年的诺贝尔物理学奖.卡尔·戴维·安德森之后也因此发现而获得了1936年的诺贝尔物理学奖.

狄拉克当时对卢瑟福说,他不想出名,想拒绝这个奖.卢瑟福对他说:"你如果拒绝了会更出名,别人会不停地来麻烦你."听了卢瑟福的话,狄拉克才勉强前往,在领奖典礼上做了一个关于"电子和正电子理论"的报告.

狄拉克的负能量电子海的假设,导致科学家们对真空的新思考.真空是什么?从古到今,这一直是物理学中未能完满解决的问题.古代对真空的看法更偏向哲学意义方面.物理学的发展否定了以太的存在之后,真空对物质的依赖关系得以深化.爱因斯坦的广义相对论把空间看作场的结构,是物质的一种特殊形态,狄拉克则因为追求物理理论的"数学美",而引进了一个完全"非空"的真空观念.在电磁场二次量子化的研究中,这种真空观扩展到包括各种基本粒子、各种量子场的基态.后来,又进而发现了由于真空的起伏涨落而产生的卡西米尔效应(Casimir effect)[15].

真空中到处充满着被称做"零点能"的电磁能,如图5.2所示,当两个金属板紧靠在一起的时候,波长较长的电磁波会被排挤到金属板之外,因而形成两板之间和两板之外的真空零点能的差别.由于金属板外的波多于金属板内的,便产生一种使它们相互聚拢的力.金属板越靠近,距离越减小,使得两板之间容纳不了波长更长的电磁波,便有越多的零点能被排斥到外面.这样,便造成了板内、板外更大的能量差异,吸引力就越强.这种现象于1948年由荷兰物理学家卡西米尔提出,于1996年首次被物理学家证实和测定,测量结果与理论计算结果十分吻合.因此,卡西米尔效应是一种由于真空电磁场涨落而在宏观物体之间产生的力,是量子理论最重要的预言之一,是量子效应的一种宏观表现.它在物理学领域占有很重要的地位.

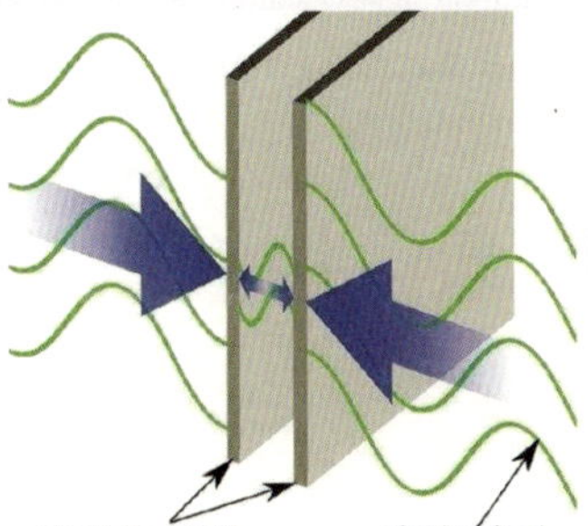

图 5.2　卡西米尔效应

也许正因为过分重视理论的“数学美”，狄拉克后来非常反对理论物理中的重整化理论，认为这种为克服无穷大而采取的权宜之计破坏了量子电动力学的美.由于拒绝接受重整化，狄拉克后来逐渐远离理论物理研究的主流.1970 年，将近 70 岁的狄拉克受聘来到美国佛罗里达州立大学，14 年后，狄拉克长眠于佛罗里达，留下他毕生追求的“数学美”永照人间.

第 6 章　纠缠着的妖精

玻尔和爱因斯坦的第三次争论本来应该发生在 1933 年的第七届索尔维会议上，但是，爱因斯坦未能出席这次会议，他被纳粹赶出了欧洲，风尘仆仆地奔赴美国，被聘为普林斯顿高等研究院教授. 德布罗意和薛定谔出席了会议，但薛定谔见群龙无首不想发言，德布罗意本来就是个法国贵族出身的花花公子，曾经用一页纸的论文结束了晃荡五年的博士生涯，哪有精神去与这些人辩论. 这令玻尔大大松了一口气，会议上哥本哈根学派唱独角戏，看起来量子论已经根基牢靠，论战似乎尘埃落定.

然而，爱因斯坦毕竟是个伟人，不是那么容易服输的. 况且，这是上帝给他的使命：为物理学指路！无论是开创还是质疑，无论是披荆斩棘地朝前带领大军，还是回头转身来进行一场激烈论战，其结果都顺应天意：使物理这条猛兽不停地冲出困境，向前迈进. 尽管他当时因战争而流离失所，尽管他的妻子身染重病，到了知天命年纪的爱因斯坦始终未忘记他的这个神圣"天命".

笔者的老师和论文委员会成员之一的约翰·惠勒(J. Wheeler)曾经在一次聚会上对笔者说过一段关于爱因斯坦的故事：1948 年，普林斯顿的费恩曼在惠勒的指导下，完成了他的博士论文，他以惠勒早期的一个想法为基础，开创了用路径积分来表述量子力学的方法. 当年，惠勒曾经将费恩曼的论文交给爱因斯坦看，并对爱因斯坦说："这个工作不错，对吧？"又问爱因斯坦："现在，你该相信量子论的正确性了吧！"爱因斯坦沉思了好一会儿，脸色有些灰暗，怏怏不乐地说："也许我有些什么地方弄错了. 不过，我仍旧不相信老头子(上帝)会掷骰子！"

再回到玻爱第三次论战：当年的爱因斯坦初来普林斯顿，语言尚且生疏，生活不甚顺畅，因此，他不堪孤身独战，找了两个合作者，构成了一个被物理学家们称为不是十分恰当的组合.

波多尔斯基(B. Podolsky)和罗森(N. Rosen)是爱因斯坦在普林斯顿高等研究院的助手. 1935 年 3 月，他们和爱因斯坦在

Physics Review 杂志上发表了 EPR 论文. 文章中描述了一个佯谬，之后，人们就以署名的三位物理学家名字的第一个字母命名，称为"EPR 佯谬"[16].

EPR 原文中使用粒子的坐标和动量来描述爱因斯坦构想的理想实验，数学表述非常复杂. 后来，戴维 · 博姆（D. Bohm）用电子自旋来描述 EPR 佯谬，就简洁易懂多了. EPR 论文中涉及"量子纠缠态"的概念. 这个名词当时还尚未被爱因斯坦等三位作者采用.（"纠缠"的名字是薛定谔在 EPR 论文之后不久，得意洋洋地牵出他那只可怕的猫的时候第一次提到的.）因此，我们首先解释一下，何谓纠缠态.

读者应该还记得我们解释过的"叠加态". 叠加态这个概念一直贯穿在前几章中，从薛定谔的猫，到双缝实验中有分身术的孙悟空，不都是这个匪夷所思的"叠加态"在作怪吗？不过，之前对叠加态的解释都是针对一个粒子而言的. 如果把叠加态的概念用于两个以上粒子的系统，就更会产生出来一些非常奇怪的现象，那些古怪行为的专利就该归功于既叠加又纠缠的"量子纠缠态".

比如，我们考虑一个两粒子的量子系统. 也就是说，有两个会分身的孙悟空同居一室，会有些什么样的状况发生呢？所有的状况不外乎两大类. 一类是：两个孙悟空互不打架，自己只和自己的分身玩. 这种情况下的系统，可看做是由两个独立的粒子组成的，没有产生什么有意思的新东西. 另一类情况呢？就是两个孙悟空互相有关系的情况了. 我们借用"纠缠"这个词来描述它们之间的互相关联. 也就是说，这种情形下，两个量子孙悟空"互相纠缠"，难舍难分. 有趣的是，将来竟然有人出来证明说，这量子孙悟空之间亲密无间的程度不是我等常人所能理解的，可以超过我们这个"经典"人间所能达到的任何境界、任何极限哦！于是，我们只好叹息一声说："啊，这就是'量子纠缠态'."

爱因斯坦等三人提出的思想实验中，描述了两个粒子的互相纠缠：想象一个不稳定的大粒子衰变成两个小粒子的情况，两个小粒子向相反的两个方向飞去. 假设该粒子有两种可能的自旋，分别叫"左"和"右"，那么，如果粒子 A 的自旋为"左"，粒子 B 的自旋便一定是"右"，以保持总体守恒；反之亦然. 我们说，这两个粒子构成了量子纠缠态.

用我们有关孙悟空的比喻将爱因斯坦的意思重复一遍：大石头中蹦出了两个孙悟空（A 和 B）. 每个孙悟空都握着一根金箍棒. 这金箍棒有一种沿着轴线旋转的功能：或者左旋，或者右旋. 两个孙悟空的金箍棒旋转方向互相关联：如果孙悟空A的金箍棒为"左"旋，孙悟空B的金箍棒便一定是"右"旋；反之亦然．我们便说，这两个孙悟空互相纠缠．

大石头裂开了，两个互相纠缠的孙悟空并不愿意同处一室，而是朝相反方向拼命跑，他们相距越来越远、越来越远……根据守恒定律，他们应该永远是"左右"关联的．然后，如来佛和观音菩萨同时分别在天庭的两头，抓住了A和B．根据量子论，只要我们不去探测，每个孙悟空的金箍棒旋转方向都是不确定的，处在一种左/右可能性叠加的混合状态（比如，概率各50%）．但是，两个孙悟空被抓住时，其金箍棒的叠加态便在一瞬间坍缩了，比如说，孙悟空A立刻随机地作出决定，让其金箍棒选择"左"旋．但是，因为守恒，孙悟空B就肯定要决定它的金箍棒为"右"旋．问题是，在被抓住时，孙悟空A和孙悟空B之间已经相隔非常遥远，比如说几万光年吧，它们怎么能够做到及时地互相通信，使得孙悟空B能够知道孙悟空A在那一刹那的随机决定呢？除非有超距瞬时的信号（心灵感应）来回于两个孙悟空之间！而这超距作用又是现有的物理知识无法解释的．于是，这就构成了佯谬．因此，EPR的作者们洋洋得意地得出结论：玻尔等人对量子论的概率解释是站不住脚的．

爱因斯坦最得意的时刻，莫过于难倒了玻尔这个老朋友！他洋洋自得地倒在躺椅上，双脚架上前方的矮茶几，将左手握的烟斗叼在口里，瞪着一对孩童般天真的大眼睛，像是不经意地望着身旁略显困惑的玻尔（图6.1）．

图6.1　玻尔和爱因斯坦

不过，此一时彼一时！这时的玻尔已经做到知己知彼，而且老谋深算.他深思熟虑一番之后，马上上阵应战.很快就明白了，爱因斯坦的思路完全是经典的.爱因斯坦总是认为有一个离开观测手段而存在的实在世界.这个世界图像是和玻尔代表的哥本哈根学派的“观测手段影响结果”的观点完全不一致的.玻尔认为，微观的实在世界只有和观测手段联系起来讲才有意义.在观测之前并不存在两个客观独立的孙悟空实在.只有波函数描述的一个互相关联的整体，并无相隔甚远的两个分体，既然只是协调相关的一体，它们之间无需传递什么信号！因此，EPR佯谬只不过是表明了两派哲学观的差别：爱因斯坦的“经典局域实在观”和玻尔一派的“量子非局域实在观”的根本区别.

当然，哲学观的不同是根深蒂固、难以改变的.爱因斯坦绝对接受不了玻尔的这种古怪的说法，即使在之后的二三十年中，玻尔的理论占了上风，量子论如日中天，它的各个分支高速发展，给人类社会带来了伟大的技术革命，爱因斯坦仍然固执地坚持他的经典信念，站在反对量子论的那边.

为了加深对纠缠态的理解，我们用如图6.2所示的掷骰子的例子来进一步说明两个粒子的“纠缠”.

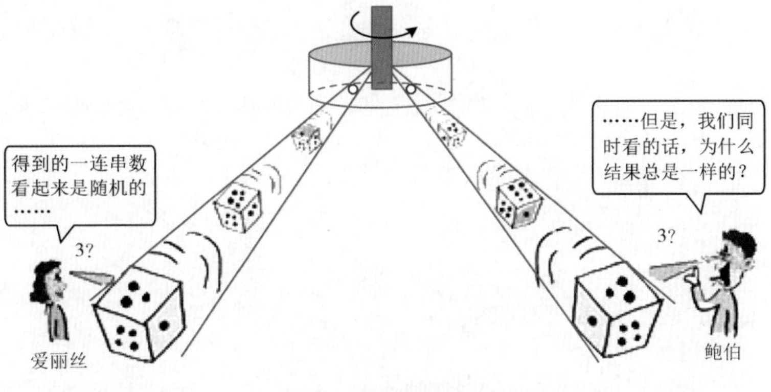

图6.2　纠缠的骰子

纠缠着的粒子，就像是从图6.2中顶上那个机器中一对一对发射出来的骰子.不过等一等，上面这句话的说法太不确切了.因为实际上我们是做不出这样的机器的，如果说有这种机器的话，那就只能是微观世界中的量子系统——纠缠源.但纠缠源发出的不是“骰子”，而是光子或微观粒子.因此，在图6.2中我们不过是设想了一种思想机器，并用骰子来作比喻而已.我们这个能发射成对骰子的机器很特别，这些成对的骰子分别朝两条路（这里所谓的

“路”到底是什么，铁管？空气？我们也不予考究）射出去，互相分开越来越远；并且，每个骰子在其各自的路径上不停地随机滚动，它的数值不定，是1～6中的一个，每个数值的概率均为1/6.

借用通信中的惯例，图6.2中我们用爱丽丝和鲍伯来代表两个不同的观察者，此种提法将贯穿全书.回到图6.2，如果爱丽丝和鲍伯在相距很远的地方分别观察这两路骰子，会得到什么结果呢？

首先，他们如果只看他们自己这一边的观测数据的话，他们每人都将得到一连串的1～6之间的随机序列，每个数字出现的概率大约等于1/6.这丝毫也不令人奇怪，正是我们单独多次掷一个骰子时的经验.但是，当爱丽丝和鲍伯将他们两人的两个观测结果拿到一起来比较的话，就看出点奇怪之处了：在他们同时观测的那些时间点，两边的骰子所显示的结果总是一样的，也就是说，如果爱丽丝看到的结果是6，鲍伯看到的也是6；如果爱丽丝看到的结果是4，鲍伯看到的也是4……

量子力学中的纠缠态，就和上面例子中的一对骰子的情况类似.换言之，量子纠缠态的意思就是：两个粒子的随机行为之间发生了某种关联.上面例子中的关联是“结果相同”，但实际上也可以是另外一种方式，比如说，两个结果相加等于7：如果爱丽丝看到的结果是6，鲍伯看到的就是1；如果爱丽丝看到的结果是4，鲍伯看到的就是3……只要有某种关联，我们就说这两个粒子互相纠缠.

第 7 章　哥本哈根学派的最后一位大师

在前一章中提到过的约翰·惠勒，曾经与玻尔及爱因斯坦在一起工作过，被人称为“哥本哈根学派的最后一位大师”.

惠勒(图 7.1)，是“黑洞”一词的命名者.学物理的也许记得他和他两个学生合写的那部大块头著作:《引力论》(*Gravitation*)，该书洋洋洒洒 1 279 页，拿起来像块大砖头，是一部学术严谨、风格诙谐的巨著.

图 7.1　约翰·惠勒

惠勒 1911 年出生于美国佛罗里达州杰克逊维尔一个普通家庭，是四个孩子中年龄最大的一个.惠勒在很小的时候就对广袤浩渺的宇宙产生了浓厚的兴趣，4 岁时他问母亲:“宇宙的尽头在哪里? 在宇宙中我们能走多远?”这些幼年就困扰着惠勒的问题，使他后来选择学习理论物理，并在 21 岁时就取得了博士学位.之后，和当时的许多年轻物理学家向往的一样，他去了丹麦的哥本哈根，在玻尔的指导下从事核物理研究.

第二次世界大战之前，惠勒(图 7.2)回到美国，曾分别在北卡罗来纳大学及普林斯顿大学任教.二战爆发后，玻尔到纽约访问时给他带来一个令人震撼的消息:德国科学家找到了分裂铀原子的方法.接下来，惠勒和玻尔一起在普林斯顿大学成功地研究了原子核裂变的液滴模型理论.两人这场重要的合作为后来美国原子弹的研发奠定了基础.

后来，惠勒加入到研究第一颗原子弹的“曼哈顿计划”中，成为第一位从事原子弹理论研究的美国人.由于“曼哈顿计划”的顺利实施，美国赶在德国之前制造出了原子弹.尽管原子弹爆炸后遭到一些科学家的反对，但惠勒只是遗憾自己没有更早地开始研究原子弹的理论，因为他的弟弟乔就是在原子弹爆炸的前一年(1944年)，在意大利的战场上身亡的.

图 7.2　惠勒(右)和爱因斯坦、汤川秀树一起散步

惠勒是在 2008 年，96 岁高龄时去世的. 难能可贵的是，90 多岁高龄的他还一直在继续思考量子力学中的哲学问题. 去世后，人们发现他的本子上还留有 95 岁时写下的物理研究笔记.

记得惠勒曾引用玻尔的话说，“任何一种基本量子现象只有在其被记录之后才是一种现象”. 意思就是说，比如我们上一章中说到的两个互相纠缠的孙悟空，在被抓住之前，它们到底在哪里？它们之间距离多远？它们是什么模样？它们有没有金箍棒？金箍棒是左旋还是右旋？哥本哈根学派认为，这些全都是些无意义的、不该问的问题. 还没有被如来佛祖和观世音菩萨抓住之前，没有什么所谓的“两个孙悟空”，它们并不是真实存在的东西！

惠勒对量子论的贡献是非同一般的. 20 世纪 80 年代初期，笔者在得州大学奥斯汀分校时，有幸与惠勒博士在一起工作，并准备翻译当时他去中国访问的讲稿，那篇讲稿是基于他的一篇论文《没有定律的定律》(*Law Without Law*)[17]，后来，此讲稿由国内一位学者编辑整理，于 1982 年出版，命名为《物理学和质朴性——没有定律的定律》.

也许正是因为在晚年时思考太多有关量子力学的哲学问题，惠勒在谈话中经常会冒出几句哲理深奥的话语，刚才说的演讲稿的标题就是一例——没有定律的定律. 此外他还说过“没有质量的质量”“没有规律的规律”等意味深长的妙句，发明了“黑洞”“真子”(geon)“量子泡沫”等使人遐想联翩的科学名词，也成为科幻作家们取之不尽的创作灵感的源泉.

在笔者 1983 年对惠勒教授的一次访谈中，极为重视教育的惠勒(图 7.3)谈到玻尔当年的研究所[18].

图 7.3　惠勒及其夫人和得克萨斯大学奥斯汀分校的中国学生们

惠勒说："……早期的玻尔研究所，楼房大小不及一家私人住宅，人员通常只有五个，但却是当时物理学界先驱们的聚集之处，量子理论的一代精英们在这儿指点江山、叱咤风云！在那儿，各种思想的新颖和活跃，在古今的研究中是罕见的. 尤其是每天早晨的讨论会，既有发人深省的真知灼见，也有贻笑大方的狂想谬论；既有严谨的学术报告，也有热烈的自由争论. 然而，所谓地位的显赫、名人的权威、家长的说教、门户的偏见，在那斗室之中，却是没有任何立足之地的.

"……若没有矛盾和佯谬，就不可能有科学的进步. 但只有一个困难还不够，绚丽斑驳的思想火花往往闪现在两个同时并存的矛盾的碰撞切磋之中. 因此我们教学生时，就得让学生有'危机感'，学生才觉得有用武之地. 否则，学生只看见物理学是一座完美无缺的大厦，问题却没有了，还研究什么呢？从这个意义上来说，不是老师教学生，而是学生'教'老师. 因为一个有经验的科学家通常知道许多悬而未决的问题，但却不一定知道哪些问题是'好'的问题. 在这方面，年轻人却往往有一种特殊的'直觉'."

惠勒和玻尔都对中国古代的哲学思想非常感兴趣. 惠勒曾谈到玻尔当年访问中国之事.

玻尔为了解释量子现象的波粒二象性，提出了一个互补原理，又称并协原理. 他认为微观粒子同时具有波动性与粒子性，而这两种性质既互相排斥又互补. 波动性与粒子性对于描述量子现象是缺一不可的，必须把两者结合起来，才能提供对量子现象的完备描述，这个原理是玻尔对量子力学中“不确定原理”作出的哲学解释，也是哥本哈根学派的基本观点.

图 7.4　中国的“阴阳”图

玻尔 1937 年去中国访问后，将中国的“阴阳”图（图 7.4）用作互补原理的象征，还将此图加入他家族的族徽中.

“然而，对爱因斯坦来说，古怪的并协性完全不可接受.”谈到玻尔和爱因斯坦的量子力学之争时，惠勒说，“很难再找到其他先例能和这场论战相比拟，它发生在如此伟大的两个人之间，经历了如此长久的时间，涉及如此深奥的问题，却又是在如此真挚的友谊关系之中……”

惠勒说，一开始，爱因斯坦企图证明量子论含有内在的逻辑矛盾.然而，爱因斯坦提出的理想实验恰恰证明了量子论是自洽的.否则，量子论不可能成为理解各种事物的基础，从基本粒子相互作用到核结构，从硅到超导，无一不依赖于它.

爱因斯坦的基本观点是：根据量子论，观测者的测量将影响粒子的行为，这与合理的实在论思想相违背.玻尔的答复是：你的实在论观点太有限了.当年的两个朋友都试图说服对方，然而都没有成功.

在《物理学和质朴性》讲稿中，惠勒提到他在 1979 年，为纪念爱因斯坦 100 周年诞辰的普林斯顿讨论会上，提出的所谓“延迟选择实验”（delayed choice experiment）.

这个“延迟选择实验”，是我们讨论过的“电子双缝干涉”实验的一个令人吃惊的新版本.在新构想中，惠勒戏剧化地将实验稍加改变，便可以使得实验员能在电子已经通过双缝之后作出“延迟决定”，从而改变电子通过双缝时的历史！

对于这种十分怪异的好像能从将来触摸到过去的说法，量子论的哥本哈根学派又如何解释呢？这个实验彻底挑战了经典物理的因果律.

惠勒曾经用一个龙图来说明这一点.这个龙图也可以用费恩曼的路径积分观点来理解：龙的头和尾巴对应于测量时的两个点，在这两点测量的数值是确定的.根据量子力学的路径积分解释，两点之间的关联可以用它们之间的所有路径贡献的总和来计算.由于要考虑所有的路径，因此，龙的身体将是一团迷雾，如图 7.5 所示.

图 7.5　惠勒想象中的龙图

只有在“头”和“尾”两个观测点，龙头和龙尾是清晰的，其余部分则是一团迷雾

在惠勒的“延迟选择实验”构想提出五年后，马里兰大学的卡洛尔·阿雷(C. O. Alley)实现了这个“延迟选择实验”，其结果和玻尔一派预言的一样，和爱因斯坦的相反！后来，慕尼黑大学的一个小组也得到了类似的结果.

惠勒不仅构想了“延迟选择实验”，还是提出验证光子纠缠态实验的第一人.他在 1948 年提出，由正负电子对湮灭后所生成的一对光子应该具有两个不同的偏振方向.一年之后，吴健雄和萨科诺夫成功地完成了这个实验，证实了惠勒的预言，生成了历史上第一对互相纠缠的光子.

惠勒提出“延迟选择实验”时，已经是 1979 年.我们先回到 1964 年.出于捍卫爱因斯坦 EPR 论文的初衷，追寻爱因斯坦的“实在论”之梦，另一位杰出的英国物理学家约翰·斯图尔特·贝尔(J. S. Bell)就已经带着他的“贝尔不等式”潇洒登场了.

第 8 章　追寻爱因斯坦之梦

物理理论是必须用实验来验证的，这就是为什么诸如玻尔、爱因斯坦、惠勒这些大理论物理学家都非常热衷于提出一个又一个思想实验的原因.量子纠缠态近年来宏图大展，也是以实验中的不断突破为基础的.这个突破起始于英国物理学家约翰·斯图尔特·贝尔，他用他著名的“贝尔不等式”将爱因斯坦 EPR 佯谬中的思想实验推进到真实可行的物理实验.

贝尔(J. S. Bell，图 8.1)于 1928 年出生在北爱尔兰的一个工人之家，那是玻尔和爱因斯坦在索尔维会上首次开战后的第二年，也许这是上帝在冥冥之中派来的一位将来能够突破“玻爱世纪之争”僵局的使者吧.小时候的贝尔一头红发，满脸雀斑，为人诚实，聪明好学；长大后，则迷上了理论物理.他严谨多思，意志顽强，不屈不挠，敢做敢当；一头扎进疑难问题，不弄个水落石出绝不罢休.

图 8.1　约翰·斯图尔特·贝尔

然而，量子论的理论研究只是贝尔的业余爱好.他多年供职于欧洲核子研究组织(European Organization for Nuclear Research，CERN)，做加速器设计工程有关的工作，与理论物理，特别是量子论的理论基础的工作相差甚远.贝尔只能利用业余时间来研究理论物理，正是这一业余研究使贝尔留名于物理史.

我们再回到玻爱之争的顶峰：EPR 佯谬的问题上来.当时玻尔写文章回击了爱因斯坦等人的质疑，世纪争论似乎平息了，哥本哈根学派诠释成为量子论的正统解释.并且，既然问题是出在两大巨头不同的哲学观上，便引不起多少人的兴趣.大多数科学家已经很少关心他们的争执.量子论的成功有目共睹,科技革命的果实每个人都乐于分享,每天早上太阳照样从东方升起,谁也看不见波函数如何坍缩,又有谁管那些微观世界的"小孙悟空们"被抓之前是不是"真实存在"的呢?玻尔有他的道理,只要抓住孙悟空时,它是存在的就行了!

当然,也总是有那么一些思考停不下来的理论物理学家,仍然在冥思苦想这些问题:如何解释量子论中诡异的相干性和纠缠性呢?这两个概念我们已经在前面几章中学到:相干性是涉及光和粒子的波粒二象性,表现光子和电子相干性的最简单例子是双缝干涉实验;纠缠性是在爱因斯坦等人的EPR论文中提出的,涉及多个粒子的纠缠态.这两者是了解量子论诡异性的两个层次.

其实,双方的争执为什么三番五次不能平息呢?关键问题是:爱因斯坦这边坚持的是一般人都具备的经典常识,玻尔一方更执着于微观世界的观测结果.那么,既然爱因斯坦不同意玻尔的概率解释,有人就总想找出别的解释,既能照顾到爱因斯坦的"经典情结",又能导出量子论的结论.这其中,支持度较高的有"多世界诠释"和"隐变量诠释".

可以再借用薛定谔的猫来简述"多世界诠释".持这种观点的人认为,两只猫都是真实的.有一只活猫,有一只死猫,但它们位于不同的世界.当我们向盒子里看时,整个世界立刻分裂成它自己的两个版本.这两个版本在其余的各个方面都是完全相同的,唯一的区别在于某个版本中,原子衰变了,猫死了;而在另一个版本中,原子没有衰变,猫还活着.

惠勒、霍金、费恩曼、温伯格等,都在一定程度上支持"多世界诠释".实际上,在目前,据一些简单的统计调查,支持"多世界诠释"的物理学家似乎越来越多.有人认为,它已经代替"哥本哈根诠释",成为量子论解释的主流派.但是,也有许多物理学家不喜欢它,有人诙谐地说:"我不能相信,仅仅是因为看了一只老鼠一眼,就使得宇宙发生了剧烈的改变!"的确,量子力学只涉及微观粒子的问题,要解释它,大可不必牵动整个宇宙!这其中的诡异性,恐怕比"哥本哈根诠释"有过之而无不及.因此,我们也回避一下,暂时不在这里讨论它.

贝尔当初所热衷的是"隐变量"问题[19].

在前面的"世纪之争"一章中,我们用人掷硬币的例子来说明"上帝掷骰子"与"人掷骰子"的区别.被人上抛的硬币,实际上是完全遵循确定的力学规律的,它之所以表现出随机性,是因为我们不了解硬币从手中飞出去时的详细信息，或者是并不屑于去知道这些信息．也就是说，我们放弃了一些"隐变量"：硬币飞出时的速度、角速度、方向、加速度……如果忽略外界的影响，把这些隐变量全都计算进去的话，我们可以说：上抛硬币掉回原处时的状态是在离开手掌的那一刻就决定了的！因为我们完全可以根据经典力学的规律，把每次硬币下落时的这个状态计算出来．

贝尔想，爱因斯坦提出的EPR佯谬，是否也是因为我们忽略了某些隐变量呢？贝尔更相信爱因斯坦的观点：既然两个互相纠缠的孙悟空被抓住的那一刹那，不可能瞬时超距地传递信息，那么，它们被抓住时候的状态，就应该是在它们从石头缝中蹦出来互相分开的那一刻就已经决定了．这就和我们掷硬币的情形类似，而不是像玻尔所认为的那样，后来被抓住时才临时随机选择而坍缩的！

贝尔要用实际行动来支持伟人爱因斯坦，要研究这其中潜藏着的隐变量，追寻爱因斯坦的经典物理梦！可是，他一开始就碰到了高手：早在1932年，冯·诺依曼（J. von Neumann，图8.2）在他的著作《量子力学的数学基础》中，为量子力学提供了严密的数学基础，其中捎带着做了一个隐变量理论的不可能性证明．他从数学上证明了，在现有量子力学适用的领域里是找不到隐变量的！

冯·诺依曼是何等人物啊？天才神童，计算机之父．这位数学大师一言既出，20年内量子论的隐变量理论无人问津．还好，当贝尔在20世纪60年代碰到这堵高墙的时候，前面已经有人为他开路：美国物理学家戴维·博姆在20世纪50年代的工作为冯·诺依曼的隐变量不可能性证明提供了一个实际情形的反例．而且，博姆还将原来EPR论文中非常复杂的测量位置和动量的实验，简化成了测量"电子自旋"的实验．

图8.2　冯·诺依曼

顽强的贝尔虽然是个"业余"理论物理学家，但是有"敢摸老虎屁股"的精神．他仔细研究了冯·诺依曼有关"隐变量不可能性证明"的工作后，找出了大师在数学和物理的交接之处一个小小的漏洞．

冯·诺依曼在他的证明中用了一个假设：两个可观察量之和的平均值，等于每一个可观察量平均值之和．但是，贝尔指出，如果这两个观察量互为共轭变量，也就是说，当它们满足量子力学中的不确定原理的时候，这个结论是不正确的.

这里可以插入一段有趣的历史. 贝尔是在1965年才指出冯·诺依曼的错误的. 其实，早在1935年，有一个鲜为人知的德国女数学家格雷特·赫尔曼(G. Hermann，1901—1984)就指出了天才数学大师的这点失误. 赫尔曼的老师是被人称为“代数女皇”的著名数学家艾米·诺特(E. Noether)，格雷特是艾米在哥根廷大学的第一个学生. 她早期对量子力学的数学哲学基础作出了重要的贡献. 1935年，格雷特在一篇文章中提出对冯·诺依曼有关“隐变量不可能性证明”的驳斥. 但遗憾的是，此文长期被忽略，一直到1964年贝尔独立地再次提出这点之后，又过了10年，至1974年，文章发表将近40年后，格雷特的原文才被另一个数学家雅默(M. Jammer)发掘出来，为这位默默无闻的数学家正名. 由此可见，名人的威力是何等强大啊！

第二次世界大战爆发后，女数学家赫尔曼积极参与了反纳粹组织的各种活动. 之后几十年，她不再钻研数学和物理，而将她的人生兴趣转向了政治.

越过了冯·诺依曼这堵高墙之后，贝尔的道路畅通了，隐变量是可能的！量子力学理论的最底层也许存在着某些隐变量，如果找出这些隐变量就有可能解释量子力学中的随机性，就可以证明，上帝并不是在掷骰子，上帝也是按照爱因斯坦认为“合理”的经典规律来运作这个世界的.

贝尔想：什么是隐变量呢？我们可以用量子纠缠态为例说明. 假设有一对纠缠着的双胞胎妖精，它们的行为互相关联的原因，可能还得追溯到它们出生的时候. 它们出生时一定带着指挥它们行动的指令. 对了！同卵双胞胎不是有相同的基因吗？它们的基因就可算是一种隐变量. 过去，人们发现一对双胞胎之间有许多不可思议的互相协同，似乎有一种超距的心灵感应在起作用，当我们研究了他们的基因后，许多谜团不就迎刃而解了吗？超常的关联性原来是由他们的基因决定的！那么，能否找到一对量子纠缠态粒子的相关“基因”——隐变量呢？

不过，要找出量子纠缠态背后的隐变量可不是那么容易的. 微观世界中的那些粒子，不像复杂的生物体，有大量的组织、结构、基因可以研究. 电子、中子、质子等看似简单却不简单，都是些捉摸不透的家伙，还有那个抓不住、摸不着、虚幻缥缈、转瞬即逝的光子. 这些微观粒子都没有“结构”可言，这隐变量又能藏在哪里呢？但是，贝尔又想，我们可以换一条思路，比如，假设隐变量 λ 存在，可我们又不知道这 λ 是什么，但是，既然这隐变量能影响粒子的行为，那么，粒子的某个可观测量（比如电子的自旋，就总应该和 λ 有一定的关系）应该是这个 λ 的函数的统计平均值.

就这样，贝尔开始构想他的理论，以此来支持他的偶像爱因斯坦，企图将量子物理的图像搬回到经典理论的大厦中！不过，他万万没料到，他的研究最终却给爱因斯坦帮了倒忙，反过来证明了量子力学的正确性！在下一章中，我们会用简单的数学扼要地说明贝尔是如何得到他的著名不等式的.

第 9 章　贝尔不等式

1963～1964 年，约翰·贝尔在长期供职于欧洲核子研究组织后，有机会到美国斯坦福大学访问一年. 北加州田园式的风光、四季宜人的气候、附近农庄的葡萄美酒、离得不远的黄金海滩，加之斯坦福大学既宁静深沉又宽松开放的学术气氛，这美好的一切孕育了贝尔的灵感，启发了他对 EPR 佯谬及隐变量理论的深刻思考.

贝尔开始认真考察量子力学能否用局域的隐变量理论来解释. 贝尔认为，量子论表面上获得了成功，但其理论基础仍然可能是片面的，如同瞎子摸象，管中窥豹，没有看到更全面、更深层的东西. 在量子论的深处，可能有一个隐身人在作怪，那就是隐变量.

根据爱因斯坦的想法，在 EPR 论文中提到的从一个大粒子分裂成的两个粒子的自旋状态，虽然看起来是随机的，但却可能是在两粒子分离的那一刻（或是之前）就决定好了的. 打个比喻说，如同两个同卵双胞胎，他们的基因情况早就决定了，无论后来他们相距多远，总在某些特定的情形下，会作出一些惊人相似的选择，使人误认为他们有第六感，能超距离地心灵沟通. 但是实际上，是有一串遗传指令隐藏在他们的基因中，暗地里指挥着他们的行动. 一旦我们找出了这些指令，双胞胎的"心灵感应"就不再神秘，不再需要用所谓"非局域"的超距作用来解释了.

我们在前面说过，即使不知道隐变量是什么，我们也可以假设粒子的可观测量是这些隐变量的某种函数的统计平均值. 如果用图 6.2 所示的纠缠的骰子作比喻，也就是说，两个孪生骰子被机器发射出来时就带着某种行动指令，这里的指令就相当于隐变量，只要两个骰子都按照指令来行动，爱丽丝和鲍伯所测量到的结果（1～6 的数字序列）就会表现出强烈的相关性.

下面，我们以电子自旋作为观测量，简单证明贝尔不等式[20].

尽管粒子自旋是个很深奥的量子力学概念，并无经典对应物，但粗略地说，我们可以用三维空间中的一段矢量来表示粒子的自旋.比如,EPR 中的纠缠粒子对 A 和 B 来说,它们的自旋矢量总是处于相反的方向,如图 9.1 中所示的矢量 a 和矢量 b.这两个自旋矢量,在三维空间中可以随机地取各种方向,假设这种随机性来自于某个未知的隐变量 L.简单地说,我们假设 L 只有 8 个离散的数值,$L=1,2,3,4,5,6,7,8$,如图 9.1 所示,分别对应于三维空间直角坐标系的 8 个卦限.

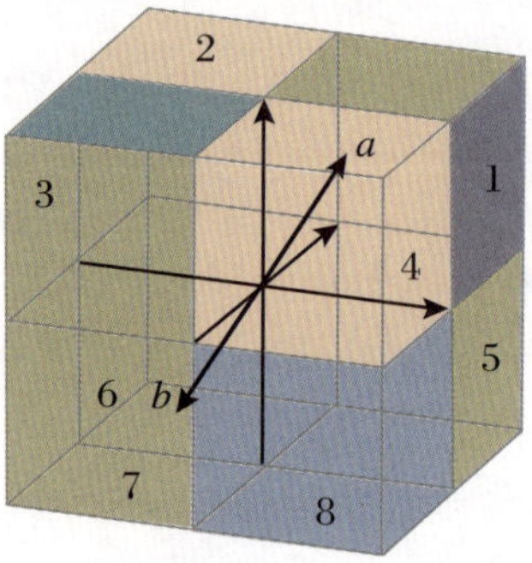

图 9.1 纠缠粒子 A 和 B 的自旋

由于 A 和 B 的纠缠性,图中的 a 和 b 总是应该指向相反的方向,也就是说,一旦 a 的方向确定了,b 的方向也就确定了.因此,我们只需要考虑 A 粒子的自旋矢量(a)的空间取向就够了.假设 a 出现在 8 个卦限中的概率分别为 $n_1, n_2, \cdots, n_8$.由于 a 的位置在 8 个卦限中必居其一,因此我们有

$$n_1+n_2+n_3+n_4+n_5+n_6+n_7+n_8=1$$

现在,我们列出一个表,描述 A 和 B 的自旋矢量在三维空间可能出现的 8 种情况.表 9.1 的左半部分列出了在这些可能情况下,自旋矢量在 x, y, z 方向的符号.

表 9.1 纠缠电子自旋的 8 种可能性及 4 个相关函数值

L	A_x	A_y (矢量 a)	A_z	B_x	B_y (矢量 b)	B_z	P	$P_{xx}(L)$	$P_{xz}(L)$	$P_{zy}(L)$	$P_{xy}(L)$
1	+	+	+	−	−	−	n_1	−1	−1	−1	−1
2	−	+	+	+	−	−	n_2	−1	+1	−1	+1
3	−	−	+	+	+	−	n_3	−1	+1	+1	−1
4	+	−	+	−	+	−	n_4	−1	−1	+1	+1
5	+	+	−	−	−	+	n_5	−1	+1	+1	−1
6	−	+	−	+	−	+	n_6	−1	−1	+1	+1
7	−	−	−	+	+	+	n_7	−1	−1	−1	−1
8	+	−	−	−	+	+	n_8	−1	+1	−1	+1

既然 A 和 B 两粒子系统形成纠缠态,互为关联,我们便定义几个关联函数,用数学语言来更准确地描述这种关联的程度.比如,我们可以如此来定义 $P_{xx}(L)$:观察 x 方向 a 的符号和 x 方向 b 的符号,如果两个符号相同,函数 $P_{xx}(L)$ 的值就为 $+1$;否则,函数

$P_{xx}(L)$的值就为-1.我们从表9.1左边列出的a和b的符号不难看出,$P_{xx}(L)$的八个数值都是-1.然后,我们使用类似的原则,可以定义其他的关联函数.比如,$P_{xz}(L)$是x方向a的符号与z方向b的符号的关联,等等.

在表9.1中的右半部分,我们列出了$P_{xx}(L)$、$P_{xz}(L)$、$P_{zy}(L)$、$P_{xy}(L)$的数值.

现在,贝尔继续按照经典的思维方式想下去:我们的小孙悟空A和B蹦出石头缝时,他们的两个自旋看起来是随机的,但实际上是按照上面的列表互相关联的.然后,他们朝相反方向拼命跑.经过了一段时间之后,两个小孙悟空分别被如来佛祖和观世音菩萨抓住了.如来佛祖和观世音菩萨分别对A和B的自旋方向进行测量.由于L是不可知的隐变量,因此,只有关联函数的平均值才有意义.根据表9.1中的数值,我们不难预测这几个关联函数被测量到的平均值:

$$P_{xx}=-n_1-n_2-n_3-n_4-n_5-n_6-n_7-n_8=-1$$
$$P_{xz}=-n_1+n_2+n_3-n_4+n_5-n_6-n_7+n_8$$
$$P_{zy}=-n_1-n_2+n_3+n_4+n_5+n_6-n_7-n_8$$
$$P_{xy}=-n_1+n_2-n_3+n_4-n_5+n_6-n_7+n_8$$

让我们直观地理解一下,这几个关联函数是什么意思呢?可以这样来看:P_{xx}代表的是A和B都从x方向观测时,它们的符号的平均相关性.由于纠缠性,A和B的符号总是相反的,所以同在x方向被观察时,它们的平均相关性是-1,即反相关.类似地,P_{xz}代表的是从x方向观测A,从z方向观测B时,它们符号的平均相关性.如果自旋在每个方向的概率都一样,即$n_1=n_2=\cdots=n_8=1/8$的话,我们会得到P_{xz}为0.对P_{zy}和P_{xy},也得到相同的结论.换言之,当概率均等时,如在相同方向测量A和B的自旋,应该反相关;而如果在不同方向测量A和B的自旋,平均来说应该不相关.

我们可以用一个通俗的比喻来加深对上文的理解:两个双胞胎A和B,出生后从未见过面,互相之间完全不知道对方的情况.一天,两人分别来到纽约和北京.假设双胞胎诚实不撒谎.当纽约和北京的警察问他们同样的问题:“你是哥哥吗?”如果A回答“是”,B一定回答“不是”;反之亦然.对于这个问题,他们不需要互通消息,回答一定是反相关的,因为问题的答案是出生时就由出生的顺序决定的(这可相仿于$P_{xx}=-1$的情况).但是,如果纽约警察问 A:“两人中你更高吗?”而北京警察问 B:“你跑得更快吗?”按照我们的常识,两人出生后互不相识,从未比较过彼此的高度,也从未一起赛跑,所以,他们的回答就应该不会相关了(这可相仿于 $P_{xz}=0$ 的情况).

现在再回到简单的数学:我们在 P_{xz}、P_{zy} 和 P_{xy} 的表达式上做点小运算.首先,将 P_{xz} 和 P_{zy} 相减再取绝对值后,可以得到

$$\begin{aligned} |P_{xz}-P_{zy}| &= 2\,|n_2-n_4-n_6+n_8| \\ &= 2\,|(n_2+n_8)-(n_4+n_6)| \end{aligned} \tag{9.1}$$

然后,利用有关绝对值的不等式 $|x-y|\leqslant|x|+|y|$,我们有

$$\begin{aligned} &2\,|(n_2+n_8)-(n_4+n_6)| \\ &\leqslant 2(n_2+n_4+n_6+n_8) \\ &=(n_1+n_2+n_3+n_4+n_5+n_6+n_7+n_8) \\ &\quad+(-n_1+n_2-n_3+n_4-n_5+n_6-n_7+n_8) \\ &=1+P_{xy} \end{aligned} \tag{9.2}$$

这样,从式(9.1)和式(9.2),我们得到一个不等式

$$|P_{xz}-P_{zy}|\leqslant 1+P_{xy} \tag{9.3}$$

这个不等式(9.3)就是著名的贝尔不等式.上述不等式是贝尔应用经典概率的思维方法得出的结论.因此,它可以说是在经典理论的框架下,这三个关联函数之间要满足的约束条件.也就是说,经典的孙悟空不可以胡作非为,他的行动是被师傅唐僧的紧箍咒制约了的,得满足贝尔不等式!

但是,如果是量子世界的量子孙悟空,情况又将如何呢?当然只有两种情形:如果量子孙悟空也遵循贝尔不等式,那就好了,万事大吉!爱因斯坦的预言实现了.量子论应该是满足“局域实在论”的,有时量子孙悟空表现诡异一些,只不过是因为有某些我们尚不知道的隐变量而已,那不着急,将来我们总能逐渐挖掘出这些隐变量.第二种情况就是量子孙悟空不遵循贝尔不等式,贝尔用他的“贝尔定理”来表述这种情形:“任何局域隐变量理论都不可能重现量子力学的全部统计性预言.”如果是这样的话,世界就会乱套!

不过没关系,贝尔说,重要的是这几个关联函数是在实验室中可能测量到的物理量.这样,贝尔不等式就为判定 EPR 和量子力学谁对谁错提供了一个实验验证的方法.

第 10 章　量子态、叠加态、纠缠态

在谈到实验之前，稍微介绍一点与叠加态和纠缠态有关的简单数学描述.

其实，就数学逻辑来说，我们的科普叙述显得有些颠三倒四、逻辑混乱.我们在第 1 章就提到了所谓的“量子态”，但却从来没有给过它定义和解释.量子态是什么呢？当然是量子的状态，也就是“微观粒子系统的状态”.谈到状态，不难理解，它总是和一系列的数据联系在一起.医院用一系列检查数据来表征你的健康状态：血压、血糖、胆固醇等；你的家庭的经济状态也可以用收入、支出等数字来表示.“量子态”也是这样，可以用一系列的基本元素来表征.这种用“一系列”数字来表征的东西，不就是和数学中所说的“矢量”类似吗？的确如此，如图 10.1 所示，一个二维空间的矢量有两个分量：V_x 和 V_y，换言之，V_x 和 V_y 就表示了这个二维矢量.也就是说，一个由两个数字决定的状态可以表示为二维空间中的一个矢量.推广一下：如果一个状态需要三个数字来表征的话，这个状态就可以用一个三维空间中的矢量表示.

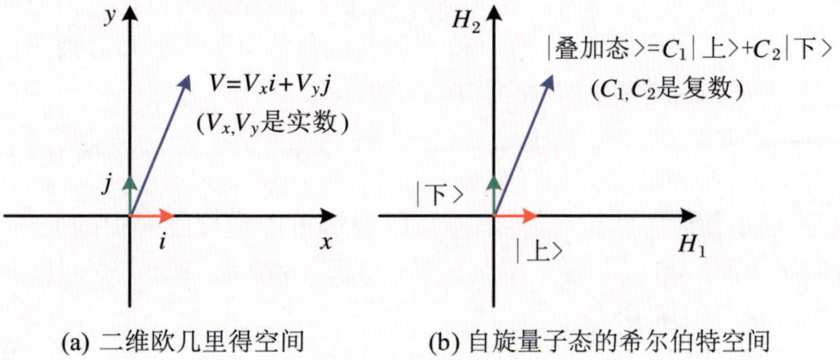

(a) 二维欧几里得空间　　(b) 自旋量子态的希尔伯特空间

图 10.1　自旋空间

对于同样一个量子态，可以用这一套数值描述，也可以用另一套数值描述，有的描述方式简单，有的描述方式复杂.比如说，我们在前面几章中谈到的量子纠缠，以及推导贝尔不等式的过程，用的

都是 EPR 佯谬简化了的博姆版. 也就是说，我们使用了两个不同的自旋（“上↑”和“下↓”）来表述微观粒子的量子态，这使得问题叙述起来简化很多. 在爱因斯坦等人的原始文章中，他们是用两个粒子的位置及动量来描述粒子之间的“纠缠”的. 如果使用 EPR 原文的那种方法，描述和推导就会非常复杂.

用刚才的比喻来说，要描述一个人血液的状态，我们可以简单地用血压、血糖、胆固醇的数值来描述，也可以复杂到考虑每个红细胞的运动情况，但那是多此一举，完全没有必要.

量子力学中有所不同，有时候我们也需要使用复杂的描述方法. 当我们只考虑粒子的自旋时，只有两个不同的基本状态，而如果考虑粒子的动量和位置，它们都是连续变化的变量，每一个位置（或者动量）的数值都对应于粒子的一个基本状态，因此，就有无穷多个基本状态.

虽然粒子的自旋只有“上↑”和“下↓”两个“基本量子态”，但实际上，从这两个“基本态”可以构成无限多的叠加态. 我们可以用读者所熟悉的三维空间或者二维空间中的“矢量”来说明这点.

如图 10.1(a)所示，在二维空间的平面坐标系中，平面上的任意一个二维矢量都可以表示成两个基矢量：x 方向的单位矢量 i 和 y 方向的单位矢量 j 的线性组合：

$$V = V_x i + V_y j \tag{10.1}$$

其中，V_x 和 V_y 是实数.

在量子力学中，一般用希尔伯特空间[21]来表示量子态. 以自旋量子态为例，因为自旋有“上”和“下”两个基态，所以可以把它们对应于图 10.1(a)中二维空间的 i 和 j，所有的自旋叠加态都可以表示成这两个基态的线性叠加，如图 10.1(b)所示.

$$|\,叠加态\rangle = C_1 \,|\,上\rangle + C_2 \,|\,下 \tag{10.2}$$

（注：这里使用了狄拉克符号“|〉”，以表示希尔伯特空间中的矢量，即“量子态”，希望了解更多有关狄拉克符号及希尔伯特空间的读者，可参考附录 B.）

回到式(10.2)，不同于二维欧几里得空间的是，这里的 C_1 和 C_2 是复数. 因此，从图 10.1 看到，希尔伯特空间也没有什么神秘之处，它只是我们熟悉的欧几里得空间的推广，它因德国著名数学家大卫·希尔伯特而得名. 希尔伯特（D. Hilbert，图 10.2）1862 年出生于原德国柯尼斯堡，他 8 岁时入小学，比当时一般孩子晚两年.据说小学时正好和小他两岁、被誉为神童的闵可夫斯基做同学,希尔伯特因此而备受打击,但也由此而激发了他的奋斗精神,最后成为20世纪的数学大师.

希尔伯特提出了大量新观念,其中许多对量子力学和相对论的发展意义重大.在数学上尤为著名的是希尔伯特1900年在巴黎国际数学家大会上提出的一系列问题(希尔伯特的23个问题),为20世纪的许多数学研究指出了明确的方向.

图10.2　大卫·希尔伯特

刚才说过,一个"量子态"可以表示为希尔伯特空间中的一个矢量.自旋空间是一个简单的二维希尔伯特空间的例子.不过,如果我们考虑以电子的位置或动量为基底的希尔伯特空间,情况就要复杂一些,不过也没关系,只需要从二维的情况做些推广而已.

单个粒子的自旋量子态,只对应于二维的希尔伯特空间,如果考虑两个粒子的纠缠态,便是对应于四维的希尔伯特空间.单个粒子的量子态,或者两个粒子的纠缠态,如果用位置、动量等表示,因为有了无穷多个基本元素,所以,对应的是无穷维的希尔伯特空间,解释起来就要复杂多了.因此,在本书中,为简单起见,我们大多数时候都用自旋来描述量子态,称为"离散变量"的方法.在实际的物理理论和实验中,也有研究用"连续变量"的方法,来描述和制备纠缠态,我们在此简要地说明它们的区别,以使读者今后在文献中碰到这两个词时,能少一些困惑.在第21章中,我们也将会简单介绍"连续变量"量子纠缠态的研究发展情况.

前面的几章中,我们已经用文字介绍了"叠加态"和"纠缠态",现在应该是用简单的数学来重新整理这些概念的时候了.

现在,我们暂时不用狄拉克符号,而用两个不同的字母:S_1 和 S_0,来表示两个不同的自旋量子态.比如说,用它们分别表示刚才所提到的"上""下"这两种不同的基本自旋态.

这里的 S_1 和 S_0 是两个"纯本征态".这个"纯"字,是相对于"叠加"而言的.也就是说,一个粒子的"叠加态"可以写成两个"本征态"的线性混合叠加:

$$|\text{叠加态}\rangle = a \times S_1 + b \times S_0 \tag{10.4}$$

这里的 a 和 b 是任意满足 $|a|^2+|b|^2=1$ 的复数，它们对应于两个本征态在叠加态中所占的比例系数. 当 $a=0$ 或者 $b=0$ 时，叠加态就简化成两个本征态. 两个比例系数的平方：$|a|^2$ 或 $|b|^2$，分别代表测量时，测得粒子的状态是 S_1 或 S_0 的概率.

比如，在杨氏双缝实验中，电子或光子位置的叠加态可以写成

$$双缝态 = a \times 缝1 + b \times 缝2$$

薛定谔思想实验中的猫，也可以写成叠加态的形式：

$$猫态 = a \times 活猫 + b \times 死猫$$

还可以把这个例子再具体化一些. 比如，如果在实验中我们知道：$a=0.8, b=0.6$，那么，打开盖子时，活猫的概率是 $0.8^2=0.64$，而死猫的概率是 $0.6^2=0.36$. 或者说，实验者有 64% 的概率看见一只活蹦乱跳的猫，而只有 36% 的概率看见一只死猫. 感谢上帝，他不会看到一只可怕的又死又活的猫！那种“猫态”只有可能存在于打开盖子之前，薛定谔及爱因斯坦认为那种猫可怕，但玻尔一派怎么说呢？玻尔说：打开盖子前，猫根本不存在，不用去想它是什么状态，这是毫无意义的问题！

在上述两个例子中的状态，诸如缝1、缝2、活猫、死猫，都是“本征态”. 根据上面的公式(10.4)，可看出：叠加态是普遍的大多数，而“本征态”只代表 $a=1, b=0$ 或者 $a=0, b=1$ 的少数极端情况. 还可以看出：如果一个粒子处于“本征态”，那么，它的测量结果是确定的(概率=1). 而“能量本征态”又被称作“定态”.

定态是确定性的，只有叠加态才表现出量子力学“既在这里，又在那里”的诡异特征. 现在，我们从简单的数学表述更为深刻地理解了本书第1章中的一段话：“叠加态的存在，是量子力学最大的奥秘，是量子现象给人以神秘感的根源，是我们了解量子力学的关键.”

那么，使用刚才的符号，“纠缠态”又应该如何表示呢？我们从最简单的两个粒子的纠缠说起. 首先，现在有了两个粒子 A 和 B，它们分别都有两种定态：0 和 1(A_1, A_0 和 B_1, B_0). 因此，它们的单粒子定态可以组成四种双粒子定态：

$$A_1B_1,\quad A_1B_0,\quad A_0B_1,\quad A_0B_0$$

类似于一个粒子的情形，这四种定态可以线性组合成许多混合叠加态. 这些叠加态可以分成两大类：纠缠态和非纠缠态. 如果一个双粒子叠加态可以写成各自粒子状态的(张量)乘积的话，就是非

纠缠态，比如，下面是一个非纠缠态的例子：

$$\text{非纠缠态} = A_0B_0 - A_0B_1 + A_1B_0 - A_1B_1 = (A_0 + A_1) \times (B_0 - B_1)$$

因为它可以写成第一个粒子的叠加态 $A_0 + A_1$ 和第二个粒子的叠加态 $B_0 - B_1$ 的乘积形式.

提醒一下，在上面的几个表达式中，我们略去了概率归一化的系数 a 和 b 等，以后也都略去不写.

现在，如果我们研究下面这几种双粒子叠加态：

$$\text{纠缠 }1 = A_0B_1 - A_1B_0 \tag{10.5}$$

$$\text{纠缠 }2 = A_0B_1 + A_1B_0 \tag{10.6}$$

$$\text{纠缠 }3 = A_1B_1 - A_0B_0 \tag{10.7}$$

$$\text{纠缠 }4 = A_1B_1 + A_0B_0 \tag{10.8}$$

就会发现，它们在数学上无法表达成单个粒子状态的乘积. 也就是说，两粒子的物理状态纠缠在一起，不可分开. 一种的状态决定了另一种的状态.

以上面的"纠缠 1"为例来说明这种多粒子复合态如何纠缠. 首先，这是一个由两个定态 A_0B_1 和 A_1B_0 组成的叠加态，在测量之前，按照正统诠释的说法，叫做"既是 A_0B_1，又是 A_1B_0". 一旦测量任何一个，如测量 A，A 的状态立即坍缩成 0 或者 1，概率各半. 然而，测量 A 的瞬时，怪事发生了：B 没有被测量，但却同时塌缩到与 A 相反的状态，即使这个时候 A 和 B 已经相距很远.

除了前述的四种纠缠态之外，还有很多种纠缠态. 纠缠态是多粒子量子系统中的普遍形式. 公式(10.5)～(10.8)所列的四种特殊纠缠态，被称为贝尔态.

回到薛定谔的猫的故事. 实际上，薛定谔的猫态并不是简单的死猫和活猫的叠加态，而应该写成"猫"和实验中"放射性原子"两者的纠缠态：

猫和原子纠缠态 = 活猫 × 原子(未衰变) + 死猫 × 原子(已衰变)

我们再次重复量子论的正统解释. 上面表达式的意思是说：薛定谔的猫与原子组成的两体系统，处于两个定态的混合：

定态 1 = 原子未衰变、活猫
定态 2 = 原子衰变了、死猫

盒子打开之前，总状态不确定，是定态 1 和定态 2 的混合. 盒子打开，总状态坍缩到两个定态之一，概率各半（不同于前面 $a=0.8$，$b=0.6$ 的情况）.

现在再回到贝尔不等式. 大家还记得，在上一章中，我们是用经典概率方法导出这个不等式的. 所以，经典孙悟空的行动一定会受限于这个不等式. 量子孙悟空又如何呢？会不会遵循这个不等式？简单的理论推导可以证明：量子孙悟空的行为是违背贝尔不等式的.

仍然考虑纠缠 1，它对应的量子态又叫做自旋单态. 根据量子力学，如果在夹角为 θ 的两个不同方向上对这个自旋单态粒子对进行观测，理论预言的关联函数平均值将会是 $-\cos\theta$. 这个结果的推导过程需要用到量子力学自旋的计算，在此不表. 但是，我们可以利用这个结论，加上几步简单的代数运算，来检验量子力学的理论是否符合贝尔不等式.

从上一章得出的贝尔不等式：$|P_{xz}-P_{zy}|\leqslant 1+P_{xy}$，其中的 x,y,z 不一定需要构成三维空间的正交系. 比如说，可以取位于同一个平面上的三个方向，依次成 60°的角. 这样就有

$$P_{xz}=P_{xy}=-\cos 60^\circ=-1/2$$
$$P_{zy}=-\cos 120^\circ=1/2$$

代入贝尔不等式左边，则有

$$|-1/2-1/2|=1$$

代入贝尔不等式右边，则有

$$1-1/2=1/2$$

因此，对于量子力学的这种情况，贝尔不等式不成立.

刚才的例子说明量子力学的理论已经违背了贝尔不等式，而实验结果又如何呢？尽管纠缠态是多粒子量子系统中的普遍形式，但是，要在实验室中得到“好”的纠缠态，可不是那么容易的. 有了纠缠度高、效率高、稳定可靠的纠缠态，才有可能在实验室中来验证我们在上一章中说到的贝尔不等式，作出爱因斯坦和量子力学谁对谁错的判决；也才有可能将量子纠缠态实际应用到通信和计算机工程技术中，实现我们将要谈到的“量子传输”及“量子计算机”等，那些激动人心的高科技中的高科技.

既然有了贝尔不等式这个实验验证谁对谁错的方法，那么，理论物理学家们说，我们就暂时停止耍嘴皮子，让将来的实验结果来说话吧.

第 11 章　实验室中的光子

我们在第 9 章中解释贝尔不等式时,在图中画的是电子的自旋矢量.然而,我们在本书中要谈到的实验室里的纠缠态,大多数是用光量子来实现的.因此,这一章中,我们首先介绍一下纠缠态实验中涉及的简单的量子光学概念和基本器件;然后,以惠勒的延迟选择实验为例,看看实验中的单光子是如何行动的.

1. 偏振光

光,是我们日常生活中最常见的,也是物理实验室里最常用的东西.大家都知道,光最基本的属性是它的颜色,这个性质可以用它的频率或者波长来表征.此外,在本书所涉及的实验中,用得最多的就是光的极化方向.电子有自旋,光子也有自旋,光子的自旋就是极化,也就是在经典光学中常常碰到的光的偏振现象.

光可以有不同的偏振方向.光的偏振(或称“极化”)的概念,我们在使用太阳眼镜时会有所体会.偏振式太阳眼镜就是利用光的偏振特性制成的.用简单的一句话来说,太阳眼镜只让在某一个特定振动方向的光线通过,其余的都被镜片吸收了.这样,司机如果戴着太阳眼镜正对太阳开车时,就大大地减少了眼睛吸收的耀眼的光线,使司机不至于受强光的干扰,而仍然能够看清目标.实验室中,使用偏振片来测定和转换光的偏振方向,其工作原理与太阳眼镜类似.

图 11.1 所示的输出光是线偏振光的情形,此外还有圆偏振光.圆偏振光有两个不同的旋转方向,可看做两个线偏振光的叠加.

无论是两个方向互相垂直的线偏振光,还是两个旋转方向相反的圆偏振光,都可以类比于电子的自旋,因此,之前对自旋纠缠电子对的讨论都可以用在极化的纠缠光子对上.

2. 偏光镜

上面所说的太阳眼镜就是一种偏光镜，或叫偏振片.

如图 11.2 所示，灯泡发出的自然光，由各种偏振方向的光组成，通过第一个偏光镜之后，成为某一方向的线偏振光. 现在，我们再放上第二个偏光镜. 如果第二个偏光镜的偏振方向与第一个相同的话，透过第一个偏光镜的光将全部透过第二个偏光镜，如图 11.2(a)所示. 如果第二个偏光镜的偏振方向与第一个的方向垂直，则从第一个偏光镜到达的所有光都被第二个偏光镜吸收，没有光线能透过第二个偏光镜，如图 11.2(b)所示. 如果两个偏光镜的偏振方向成某个角度的话，则只有一部分光通过第二个偏光镜，最后出来的光线的偏振方向就是第二个偏光镜的偏振轴的方向.

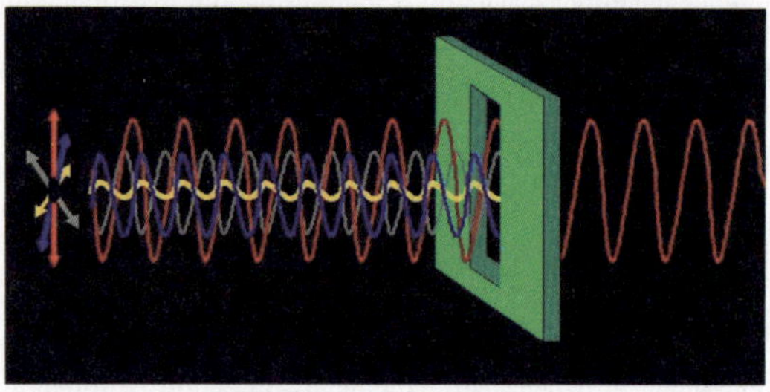

图 11.1　偏振式太阳眼镜只允许某一个特定方向的偏振光线通过

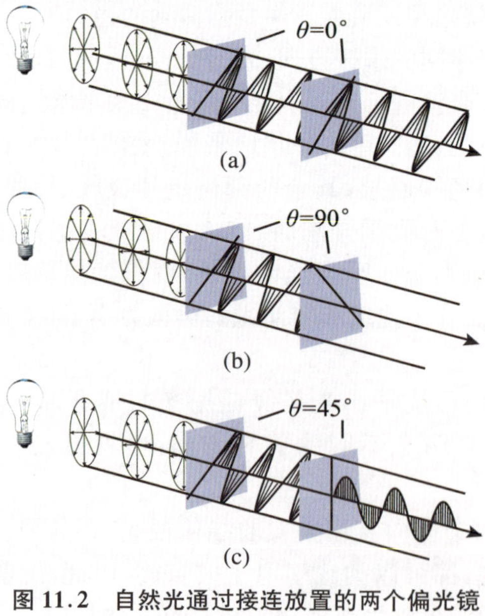

图 11.2　自然光通过接连放置的两个偏光镜

3. 光束分离器(或称分光镜)

光线通过分光镜之后,分成两束光:反射光和透射光.图 11.3 中的分光镜将一束光分成强度相等的两束:50%的反射光和 50%的透射光.

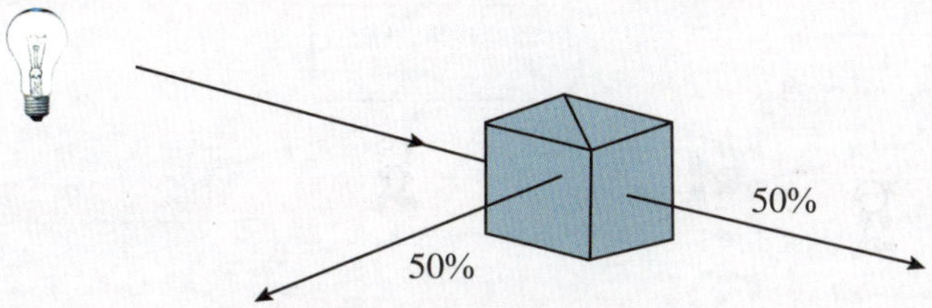

图 11.3　光束分离器

4. 偏振分光器(PBS)

图 11.4 中,偏振光通过偏振分光器之后,一部分被反射,一部分被透射,反射光为水平偏振光,透射光为垂直偏振光.

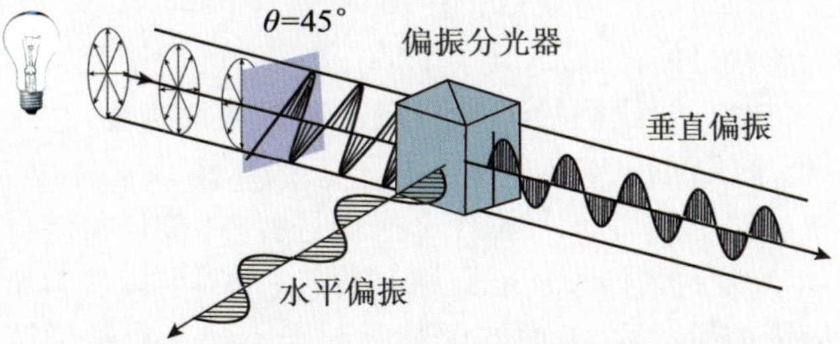

图 11.4　偏振分光器将一束光线分成两个不同方向的偏振光

5. 单光子的行为

如果我们将光看成是一种波,不难理解刚才介绍的几个光学器件的工作原理.但是,光具有波粒二象性,并且,在实验室中完全可以使用降低光的强度的方法,让光源发出一个一个分离的光子.因为"一个光子"是不可分的,没有"半个光子"的说法,所以,当我们考虑光是一个单光子的情况时，上述光学器件在某些情形下是如何工作的就说不通了.

比如说，在图 11.5(a)中，光子碰到与它的偏振方向成 45°的偏光镜时，应该如何行动呢？经典光学说：光的一部分透过镜片，一部分被镜片吸收. 但是，一个光子是不可能被分成两个部分的. 当光子到达分光镜时，同样的问题也出现在图 11.5(b)中. 当然，还有许多别的我们没有在图中画出来的情况.

(a) 45° 的偏光镜　　(b) 分光镜

图 11.5　光子应该如何行动

其实，刚才提到的问题仍然是量子力学中经常碰到的老问题，如同我们在杨氏双缝实验中提到的问题一样，又是“叠加态”在搞鬼. 孙悟空看起来好像有分身术，但实际上光子是不可分的. 因此，量子力学说，只能用概率来解释了. 那就是说，一个单光子在碰到这种有两种选择的情况时，其选择概率分别为 50%. 如图 11.5(a)的情况，如果光源发出了 100 个光子的话，那么，就有 50 个左右的光子穿过偏光镜片，其余的 50 个左右的光子就被镜片吸收了. 即使这样解释，我们的经典脑袋仍然感觉很奇怪：从统计的角度来看，似乎没问题. 但是，每个光子怎么知道该选择哪条路呢？换句话说，每个光子应该根据什么来做选择，才能使得统计效果正好达到 50%呢？除非每个光子身上贴着一张“小标签”，给它指令告诉它应该如何行动. 上面的说法听起来不是又有些像我们说过的“隐变量”吗？对，那正是爱因斯坦一直希望存在的“隐变量”解释. 爱因斯坦之所以需要这个“隐变量”，并非只是对 EPR 文章中所说的双粒子量子纠缠态这个远距离作用的幽灵而言，而是对解释单个粒子的量子行为也是必需的. 爱因斯坦很早就需要一个隐变量，来证明“上帝不掷骰子”. 不过，当时的量子妖精还没有那么嚣张，直到 EPR 提出的“远距离幽灵作用”之后，才露出它狰狞的面孔. 这个幽灵，连爱因斯坦相对论中的“光速不变原理”都想去敲上一棍子！于是，贝尔跳出来了，企图制服这个幽灵.

不过，后来我们会看到，贝尔跳出来之后，实验物理学家们用一次又一次的、越来越精确的实验事实证明了：上帝的确掷骰子！原意是想支持伟人的贝尔也只好对爱因斯坦说声“对不起”了，那些光子身上并没有贴着“小标签”，量子世界的随机性，看起来不能用什么更深层次的经典理论来解释，自然的本质就是如此.

6. 马赫-曾德尔干涉仪

马赫-曾德尔干涉仪的结构如图 11.6(a)所示. 光束经过第一个分光镜 BS1 之后，分成透射和反射的两束光. 透射光通过下面的路径到达反射镜 M2 再向上，而反射光则通过上面的路径到达反射镜 M1 再向右. 调节两条路径长度相等使得两条光线同时到达第二个分光镜 BS2. 最后，两个计数器 D1 和 D2 分别放置到 BS2 的两条输出光路上.

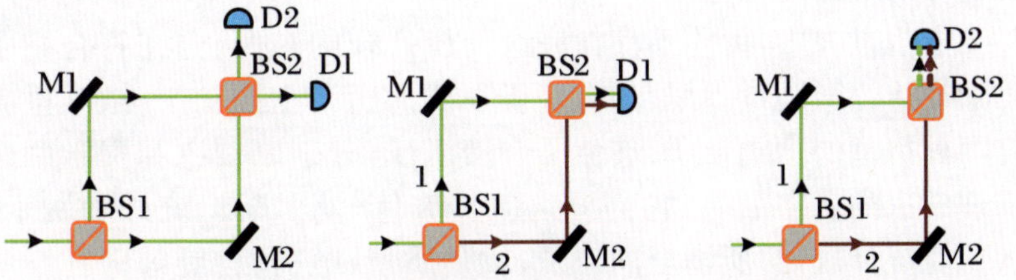

图 11.6　马赫-曾德尔干涉仪

从这种干涉仪实验的结果，我们发现：只有计数器 D1 叮当作响，而计数器 D2 从来不发出响声. 这个现象可以从经典的波动原理得到解释：观察图 11.6(b)中到达计数器 D1 的两条光线. 走上面路径的光线 1，经过 BS1 反射、M1 反射、BS2 透射；走下面路径的光线 2，经过 BS1 透射、M2 反射、BS2 反射. 很容易看出，这两条光束通过的光程是相同的，路径长度一样、一次 BS 反射、一次 BS 透射、一次 M 反射，因此，它们因相位相同干涉加强，所以，D1 收到信号.

再观察和比较图 11.6(c)中到达 D2 的两条光线. 这两条光线都经过了一次 M 反射，但是，不同的是，光线 1 经过了两次 BS 反射，而光线 2 却经过两次 BS 透射. 这两次反射和透射的差别使得两条光线有了 180°的相位差，或者说，它们因相位相反发生互相干涉而抵消了，所以，D2 未收到信号.

7. 全同粒子

微观世界的光量子是一种全同粒子，因而，我们补充介绍一些有关全同粒子的概念.

如果掷两枚硬币，得到两面为正的可能性是 1/4. 这是因为实验中所有可能发生的情形有四种，而我们假设每种情形发生的概率都一样，这样就得出了 1/4 这个结果. 现在，如果我们想象这两枚硬币是完全一模一样的，我们不能区分它们，那么，所有可能发生的情形就只有“正正”“反反”“正反”三种情形. 如果我们仍然假设每种情形发生的概率是一样的（尽管这好像不太符合我们的日常经验），我们便会得出“两面为正的可能性是 1/3”的结论. 这个例子说明：多个一模一样、无法区分的物体，与可以区分的多个物体，所遵循的统计规律是不一样的.

宏观世界中，可能不存在完全一模一样的东西，但在符合量子力学规律的微观世界里，却有一模一样的所谓全同粒子. 微观世界有两种类型的全同粒子：玻色子和费米子，分别以玻色和费米两位物理学家的名字命名. 它们分别服从玻色-爱因斯坦统计和费米-狄拉克统计规律. 所谓全同粒子，就是质量、电荷、自旋等内在性质完全相同的粒子. 有趣的是，物理学家玻色是因为一个“错误”而发现玻色子的.

图 11.7　萨特延德拉·纳特·玻色

玻色（S. N. Bose，图 11.7）是一位印度物理学家，他最先提出了微观全同粒子不可分辨的概念. 在一次有关光电效应的讲课中，玻色犯了一个类似“掷两枚硬币，得到‘正正’概率为1/3”的那种错误. 没想到这个错误却得出了与实验相符合的结论. 玻色立刻意识到，这是一个“没错的错误”！他继续深入钻研，写出一篇题为《普朗克定律与光量子假说》的论文. 然而，没有杂志愿意发表这篇论文，认为玻色犯了当时统计学家看来十分低级的错误. 后来，直到 1924 年，玻色将文章寄给爱因斯坦，才得到爱因斯坦的支持.玻色的“错误”能得出正确结果,正是因为光子是不可区分的,爱因斯坦将这个概念延伸到其他类似粒子,才有了现在的“玻色-爱因斯坦统计”[22]及超低温下得到的“玻色-爱因斯坦凝聚”理论.颇为遗憾的是,这个“诺贝尔奖”级别的理论造就了不止一名诺贝尔物理学奖得主,但最早的发现者玻色却没有得到这个殊荣.

另一种全同粒子,是以美籍意大利裔物理学家恩里科·费米(E. Fermi,图 11.8)的名字命名的.费米是 1938 年诺贝尔物理学奖获得者,他对理论物理和实验物理均作出了重大贡献,因而被称为现代物理学的“最后一位通才”.

全同粒子是不可区分的.在经典力学中,即使两个粒子全同,它们也仍然可以以不同的轨道而区分.在量子力学中,由于不确定原理,粒子没有固定的轨道,因而无法区分.微观粒子的全同性来源于不同的自旋及其导致的不同对称性.玻色子是自旋为整数的粒子,波函数是交换对称的;费米子[23]是自旋为半整数的粒子,波函数是交换反对称的(图 11.9).因为电子的波函数对于电子交换变号,如果两个电子处于相同的量子态,其

图 11.8　恩里科·费米

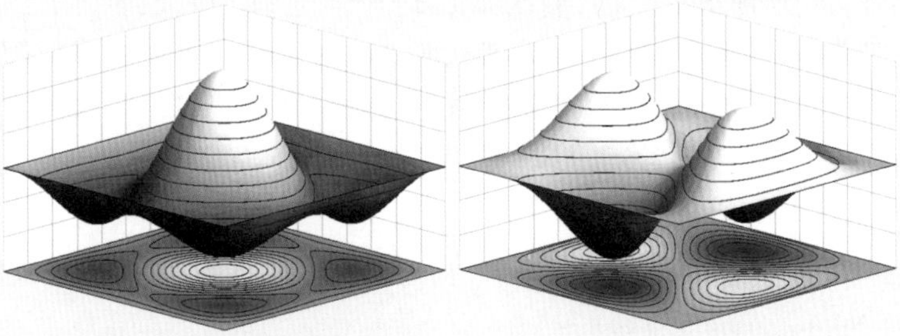

(a) 玻色子的对称波函数　　(b) 费米子的反对称波函数

图 11.9　玻色子和费米子对应的波函数的对称性不同

波函数相反,因此总波函数为 0,波函数可解释为概率波.概率波为 0,意味着这种状态(两个电子状态相同)的概率为 0,这就是泡利不相容原理.所有费米子都遵循这一原理.费米和狄拉克[24]分别独立地得出这点,因而被称为费米-狄拉克统计.因此,原子中的任意两

个电子不能处在相同的量子态上，而是在原子中分层排列的（图11.10）. 在这个基础上，才得到了有划时代意义的元素周期律. 光是由玻色子组成的，许多光子可以处于相同的能级，所以才有了激光这种超强度的光束. 全同粒子的玻色子或费米子行为，也是量子力学最神秘的侧面之一.

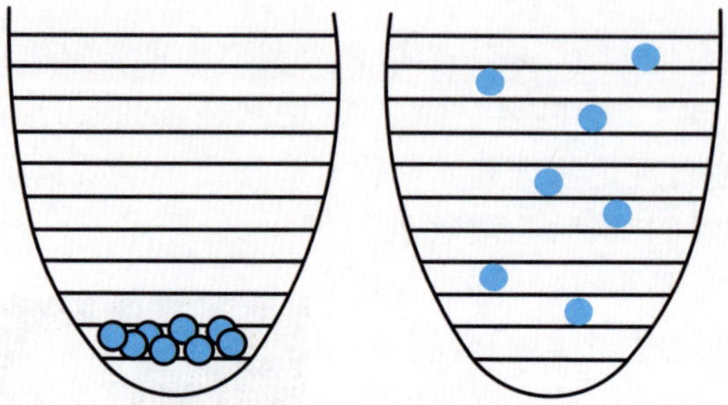

(a) 玻色子　　(b) 费米子

图 11.10　玻色子和费米子的统计规律

分别服从玻色-爱因斯坦统计和费米-狄拉克统计

8. 延迟选择实验[25]

惠勒原文中的延迟选择实验构想如图 11.11 所示. 图 11.11(a)中，通过第一个分光器的光束分成两路，分别从 A 和 B 反射后到达交叉点. 很容易看出，其实验设置与上面描述的马赫-曾德尔干涉仪（图 11.6）有些类似，只不过加上了一个"选择"和"延迟"而已.

"选择"的意思是说，实验者可以"选择"第二个分光器"放"或"不放"到交叉点上. 这两种选择情形分别表示在图 11.11(c)和(b)中. 更进一步，实验者还可以"延迟"这种选择，直到光子快要到达交叉点之前的最后一刹那.

让我们仔细考察一下，这样又是选择，又是延迟，反复折腾有何意义呢？

首先看看没有放第二个分光器的情形. 图 11.11(b)中有一对计数器，两路光经过交叉点后直接到达这两个计数器. 这样，就能够从收到光子的那个计数器来判定光子是从哪条路来的. 理论和实验结果都证明，每一个光子只走一条路. 因为要么是图中上方的计数器响，这表明光子是走下面的路径，经过 B 反射而来的；要么是图中下方的计数器响，表明光子是走上面的路径，经过 A 反射而来的. 总之,两个计数器从来不会同时响. 因此,当实验如此设置时,结果表明:每个光子是根据概率从某一条路径过来的.

如果像图 11.11(c)所示放上第二个分光器的话,实验结果又如何呢?这时的情形和我们刚才说的干涉仪完全一样. 也就是说,当我们调整好半透镜和光路,就会发现下面的计数器嗒嗒作响,而上方计数器总是为 0. 这是一个光子通过两条路径后相干的结果. 因此,这个实验设置表明光子同时走了 A 和 B 两条路!

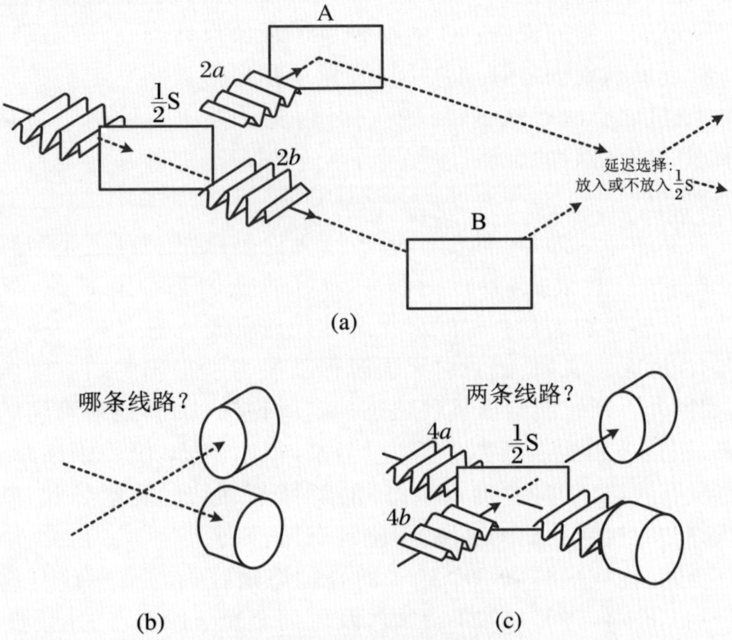

图 11.11　延迟选择实验

听起来真的使人发晕!好像有点语无伦次地在说胡话:开始说光子是走一条路过来的,后来又说光子走两条路过来,这到底是怎么一回事呀?光子到底走一条路还是两条路?如果爱因斯坦和玻尔还在世的话,会怎么说呢?前者说,你又说一条路,又说两条路,不是自相矛盾吗?玻尔却会强调,完全没有矛盾,因为这是两个不同的实验,我们不可能同时做两个实验. 而不同的实验设置将影响光子,使它产生不同的行为!

"两位前辈别着急!"惠勒说,"我们现在提出一种新的想法:延迟选择. 就是说,我们在光子将到达交叉点的最后一刻才决定"放不放"第二个分光器. 这样我们就可以在光子几乎完成它的旅程时,才决定它到底是经过一条路还是两条路而来的."

开始实验时,不放第二个分光器,那么,光子就已经决定了"只走一条路”,并且已经选择了,已经正在走“某一条路”(比如说,下面一条路).然后,光子快要走到交叉点,快要被 D1 探测到了,这时,实验者突然放入了第二个分光器,最后的结果是 D1 不响,D2 响了.光子好像还是从两条路过来的,并且自己和自己发生了干涉,D1 处接收到的是相消干涉为 0,D2 处接收到的是加强干涉,计数器发出叮当响.

这个实验表面上看起来,似乎实验者后来的决定影响了光子之前的选择.要想得到一个不违背因果律的解释,我们恐怕只能暂时接受玻尔一派的说法:“任何一种量子现象只有当它被测量时才是一种现象”,观测之前,不要问些“光子在走哪条路”“走一条路还是两条路”之类的傻问题,我们只知道,光子处于一种两条道路的叠加态.只有最后的观测,才创造了光子在观测之前是何等行为的整个现实!

玻尔一派认为,观测之前的粒子,无论是从“位置”还是“自旋”来考察,都只能说成:处于一种不确定的叠加态,“既是此,又是彼”,任何想强加给它一种确定状态的想法都是无意义的.“确定状态”的说法无意义,是因为它无法解释量子力学得出的所有实验结果.如果爱因斯坦能给出某种状态确定的说法,圆满地解释实验的结果,相信玻尔也会举双手赞成.但是,很遗憾,不仅爱因斯坦,至今也没有人给出这种“确定状态”的解释来.那么,既然如此,就只好请你暂时接受我们的这种“不确定态”诠释了.

至此,让我们结束一个光子的叠加态研究,在下一章中,将再次回到 EPR 佯谬和贝尔不等式涉及的两个光子纠缠态的问题.

第 12 章　实验给出最终判决

1. 四人小组

当贝尔发表了他的论文之后，物理界并没有很多人关注贝尔不等式的实验验证. 其原因之一是很多物理学家已经深感量子力学的正确性. 他们认为，世纪之争已经画上句号，量子现象与经典规律的确大相径庭. 爱因斯坦的上帝和玻尔的上帝各司其职，不必打架. 一个执掌宏观世界，一个管理那些看不见的小妖精们. 大家和平共处，自得其乐，没有必要再用实验验证贝尔不等式，不然反而可能要挑起战争，扰乱天下. 物理学家们不感兴趣的原因之二便是纠缠态的实验太困难，在实验室里要维持一对电子的纠缠态，谈何容易！

2011 年初有篇有趣的报道. 据说有研究者认为，一种名为欧亚鸲(European Robins，图 12.1)的鸟类眼睛中有一个基于量子纠缠态的指南针，这种纠缠态的量子效应使得鸲的眼睛能够感受到极其微弱的地球磁场，从而找到正确的飞行方向！ 也不知此消息是真是假，有无进一步的实验验证. 但从物理学家们对此报道的评论可以看出实验室中的纠缠态是多么难以维持[26].

图 12.1　欧亚鸲

如果上述鸲的眼睛的假设成立，科学家得出结论：鸲的眼睛能够维持量子纠缠的时间，比先进的实验室设备还要长 20 微秒. 因为在实验室中得到的量子纠缠态非常脆弱，当原子被冷却到接近绝对零度时，得到的纠缠态也只能维持千分之几秒而已，室温下的纠缠态更是不堪一击，就只有微秒的数量级了.

20 世纪 70 年代早期，一位年轻人走进了哥伦比亚大学“吴夫人”(美籍华人物理学家吴健雄)的实验室，向吴夫人请教二十多年前，她和萨科诺夫第一次观察到纠缠光子对的情况，那是在正负电子湮灭时产生的一对高能光子. 当时的吴夫人没有太在意这位年轻学生提出的问题，只让他和她的研究生卡斯蒂谈了谈.

这位年轻人名叫克劳瑟(Crowther)，出生于加利福尼亚的物理世家，因为他的父亲、叔叔及家中几个亲戚都是物理学家，克劳瑟从小就听家人们在一起探讨深奥的物理问题. 后来，他进了加州理工大学，受到费恩曼的影响，开始思考量子力学基本理论中的关键问题，他把一些想法和费恩曼讨论，并告诉费恩曼，他决定要用实验来测试贝尔不等式和 EPR 佯谬. 据他自己后来半开玩笑地描述当时费恩曼的激烈反应：“费恩曼把我从他的办公室里扔了出去！”

贝尔定理和贝尔不等式被誉为“物理学中最重要的进展”之一. 之后，贝尔不等式被一个紧紧纠缠在一起的美国物理学家四人小组(CHSH)的工作所改良，称为 CHSH 不等式. 这四个人的名字是：克劳瑟、霍恩、西摩尼、霍尔特. 上面提到的克劳瑟是其中之一.

尽管当克劳瑟对费恩曼说，他要用实验来检验贝尔定理时，费恩曼激动地把他从办公室赶了出去. 但克劳瑟却坚信实验的必要性，他总记得也是物理学家的父亲经常说的一句话：“别轻易相信理论家们构造的各种各样漂亮的理论，最后，他们也一定要回过头来，看看实验中你得到的那些原始数据！”

后来，克劳瑟及其合作者，果然首次对 CHSH-贝尔不等式进行了实验验证[27].

克劳瑟在纽约的哥伦比亚大学攻读博士学位时，对重视实验的李政道仰慕有加，也庆幸该校有吴健雄这样的著名实验物理学家及先进的实验条件. 但是，他也很快就认识到，吴健雄和萨科诺夫二十多年前用正负电子湮灭对产生纠缠光子的方法不是很适合验证贝尔不等式，这种方法产生的光子对能量太高，纠缠相关度不够. 因此，必须寻找新方法.

另外，克劳瑟也不断思考贝尔不等式的推导过程. 有关 EPR 佯谬、贝尔定理等概念反复纠缠在他的脑海中，他几乎忘记了他的指导教师塞迪斯(P. Thaddeus)给他的有关微波背景辐射的博士课题.

这其中还有几个有趣的故事. 克劳瑟的博士指导教师塞迪斯，

是诺贝尔奖得主汤斯(C. Townes)的学生，汤斯因发明了激光而获得诺贝尔奖. 克劳瑟刚到哥伦比亚大学时，对和激光有关的天体物理非常感兴趣，所以决定跟塞迪斯做微波背景辐射的研究. 克劳瑟认为这个工作很有趣，因为据说观测结果可以用来证明宇宙大爆炸的理论. 当初的哥伦比亚大学物理系对攻读博士学位的学生要求很严格，必修课的成绩一定要在 B 以上，否则就得重修. 其中，"高级量子力学"是四门必修课之一，克劳瑟感觉这门功课很难，第一次只得了一个 C，第二次再修又得了一个 C，最后，这门课修了三个学期，才达到了系里对成绩的要求. 克劳瑟在后来的访谈中诙谐而调侃地说："我在哥伦比亚大学修了三次量子力学，不过不丢脸，我有一个同伴，听说诺贝尔奖得主汤斯，当年这门课程也至少修过两次哦!"有可能正是因为修了这么多次量子力学，克劳瑟才对量子论的基础产生了浓厚的兴趣. 他移情别恋，弃旧纳新，从此置微波背景辐射研究于不顾，另有所爱，迷上了用实验来检验量子力学的基本理论，那就是 EPR 佯谬和贝尔不等式.

克劳瑟一直认为指导教授塞迪斯是对他影响最大的人物之一，但是，塞迪斯当初却对克劳瑟很不满意. 塞迪斯不喜欢克劳瑟所做的有关贝尔不等式的工作，认为那是"浪费时间的一堆垃圾"! 看看他给克劳瑟写的找工作的推荐信中的一段话吧，这封信还是写在克劳瑟完成了第一次验证贝尔不等式的实验之后. 塞迪斯在信中说："不要聘用这个家伙! 因为只要一逮到机会，他就要去做量子力学实验中的那些垃圾工作."尽管塞迪斯后来为此表示过歉意，但他的评价却毁了克劳瑟的职业生涯，使他一直找不到合适的教授位置.

我们再回到克劳瑟对贝尔不等式的思考上来. 刚才说过，克劳瑟离开了塞迪斯教授为他计划的弯曲时空研究，一头栽进了量子陷阱. 经过一段时间的深思熟虑，联系到进行实验的可能性和准确性，克劳瑟认为，实验需要重新设计，最好是用可见光. 另外，贝尔不等式也需要改进，于是，他就此写了一篇论文提要，寄给了 1969 年在华盛顿举办年会的美国物理学会.

虽然很多物理学家不看重克劳瑟的工作，但这时，在波士顿，却有人和他不谋而合，想到一起去了. 这就是 CHSH 四人组合中年龄最大的西摩尼以及他的学生霍恩.

西摩尼年轻时一直学习和研究哲学，1953 年，25 岁时，就在耶鲁大学哲学系得到了他的博士学位. 毕业后很快获得了麻省理工学院(MIT)哲学系的终身教授职位. 在别人眼中，他已经算是少年有成、春风得意了.可是，西摩尼心中的“理论物理情结”却始终挥之不去，在工作数年之后，他又到普林斯顿大学攻读物理系的博士学位，并且在毕业之后，放弃了麻省理工学院这个一流大学的终身教职，而重新接受了波士顿大学的助理教授位置.因为这个位置是哲学系和物理系共同设置的，在这个位置上，他可以研究他所感兴趣的理论物理中的哲学问题.

西摩尼在麻省理工学院任教的同时，又在普林斯顿攻读物理博士学位，师从诺贝尔奖得主尤金·维格纳(E. P. Wigner).那几年，他忙碌奔波于相距300英里的波士顿和普林斯顿之间.

西摩尼对量子力学基础理论的兴趣，起源于他1963年在辛辛那提参加的第一次物理界学术会议.这次会议正好是由鲍里斯·波多尔斯基(EPR中的P)主持的.那时候，波多尔斯基是辛辛那提泽维尔大学的教授.这是一个真正令西摩尼兴奋的会议，参加的人中不乏鼎鼎有名的物理界泰斗：维格纳、狄拉克、博姆、阿哈罗诺夫(AB效应中的A，博姆是B)等.分组讨论时，维格纳提议让西摩尼讲话，西摩尼便进行了题为《观察者在量子理论中的作用》的发言.

据西摩尼自己回忆说，当时，狄拉克起来提问，把他吓了个半死.不过，狄拉克问的是个简单的哲学问题：唯我主义是什么？哲学是西摩尼的老本行，当然轻松过关.自此后，西摩尼的兴趣和研究方向转到了量子力学的基本理论问题.并且返回波士顿之后，他得意洋洋地将他会上的发言稿整理成文，寄给物理界的同行们.这寄论文的邮费没有白花，一次，西摩尼在邮箱中发现了贝尔的文章，他不知道是谁放到他的邮箱里的.这是西摩尼第一次知道贝尔不等式和贝尔定理，看了好几遍文章之后，西摩尼逐渐明白了掩藏在贝尔不等式后面的巨大意义，那是解决量子论中深奥哲学问题的一个具体措施，具体到可以在实验室中实现！于是，西摩尼非常兴奋，和纽约的克劳瑟一样，殊途同归，立刻都掉到量子实验的深渊中去了.

霍恩是西摩尼在波士顿大学的第一个研究生，他对西摩尼交给他的贝尔的论文很感兴趣，便和西摩尼一起探索进行此类实验的可能性.

西摩尼毕竟是哲学家出身的物理学家，谈理论还行，对物理实验却一知半解.因此，师徒二人到物理系实验室里逢人便问，请教各种实验方法，以至于许多人都被他们俩喋喋不休的问题问怕了.后来，有人介绍他们去找哈佛大学一个实验物理学家谈谈.无论如何，他们最后幸运地在哈佛大学找到了一个正计划做双光子相干实验的研究生霍尔特(Holt),三个人开始了他们的物理研究"纠缠".

他们三人与哥伦比亚大学的克劳瑟走的路基本相同,也开始写论文,但他们晚了一步,没有及时地将文章摘要寄到1969年的华盛顿年会上.

当知道被人抢了先时,西摩尼难免有些沮丧.他听了维格纳的建议,直接给纽约的克劳瑟通了电话.没想到克劳瑟听见有人也想做同样的实验,感到非常吃惊和高兴.他在文章的著作权一事上表现得很大度,这样,才有了后来的CHSH论文.

四员大将到底如何纠缠?如何改进了贝尔不等式?实验的结果如何?且听下回分解.

2. 阿斯派克特的判决

话说当年,因为克劳瑟的宽广胸怀,也因为他了解到波士顿的三个人已经开始计划真正的实验,因此他自己也迫不及待地想加入其中.最后,有关改良和验证贝尔不等式的这篇论文[28],以四位物理学家(CHSH)共同署名,发表在1969年的*Physics Review Letter*上.论文中改良了贝尔不等式,取消了几个关键的限制条件,并且重新设计了切实可行的实验方案.

我们再次把贝尔不等式写在这里,以便大家思考:

$$|P_{xz} - P_{zy}| \leqslant 1 + P_{xy}$$

其中,有哪几个关键的限制条件需要改进呢?首先,上面的不等式中,有三个测量方向x,y,z.这三个方向是测量两个互为纠缠的粒子时共用的.而我们又希望在测量的时候两个纠缠粒子分开得越远越好.远到一定距离就不太容易保证两边用的是同一个坐标系了,不是吗?让一对双胞胎远隔天边,他们就没办法互相使眼色、弄虚作假了.但是,两地离得这么远,总不能还使用同一套测谎仪,在两地之间运来运去吧.另外,贝尔在证明贝尔不等式时用的假设是自旋单态的完备相关,两个纠缠粒子需要准确地反向飞行.这些条件在真实的实验中也是不可能完全满足的.因此,CHSH的文章取消了贝尔不等式需要的这些限制,重新推导出一个CHSH-贝尔不等式:

$$|P(a_1,b_1) + P(a_1,b_2) + P(a_2,b_1) - P(a_2,b_2)| \leqslant 2$$

其中 $P(a_i, b_j)$ 表示相应的相关函数，是实验 a_i, b_j 中的统计平均值.

这个新不等式的相关实验，不像原来贝尔不等式那样难以实现了.改良推广了的不等式中，一对变量，也就是测量的方向（a_1，a_2），可以在一个子系统上由爱丽丝完成，而另一对变量（b_1，b_2）的测量，在另一个子系统上由鲍伯完成.理论上说，这两个子系统可以位于空间分离相隔很远的地点.如果在以上的 CHSH 不等式中，假设体系的总自旋为 0，并且选取特殊情况的 $a_1 = b_1$，以及使用理想的反向关联函数：$P(a_1, b_1) = -1$，那么 CHSH 不等式就化简为原版的贝尔不等式.

在 CHSH 论文中的后半部分，作者提到用“原子级联”的方法来生成验证 CHSH-贝尔不等式的纠缠光子对(图 12.2)，而不是用吴健雄那种正负电子对湮灭的方法.“原子级联”的实验几年前曾经由加州大学伯克利分校的科协尔和康明斯两人做过，并且也曾经测量过相关函数.但他们的测量数据不足以用来证明贝尔不等式，因为他们只测量了交角为 0°和 90°时候的相关函数值.而从我们在第 7 章、第 8 章导出贝尔不等式时就知道，根据量子力学，夹角为 θ 的两个不同方向上纠缠态粒子的关联函数平均值是 $-\cos\theta$.因此，在 0°，90°，180°等角度时的相关函数值，或者是 -1 和 1，或者是 0.在这些平常情况下，量子论和经典论没有差别(图 12.2).如图中的实线和虚线两条曲线所示，经典理论和量子论预言的相关函数的差别很小，并且是在两个观测方向的夹角在 0°和 90°之间的那些角度，贝尔定理的实验验证，就是要测量出虚线相对于实线数值之差.

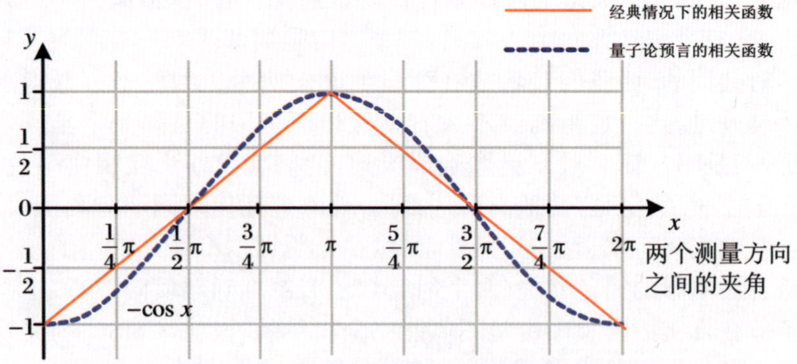

图 12.2　经典概率得出的相关函数与量子力学相关函数的比较

在此也简单说明一下所谓“原子级联”跃迁产生纠缠光子对的方法.比如，如图 12.3 所示，一个钙原子中的电子被紫外线袭击，有可能被激发到高出两个能级的状态.然后,当能量回落时,就有可能连续下降两个能级而辐射出两个纠缠的光子(在钙原子的例子中,将辐射出波长分别为551纳米的绿光光子和423纳米的蓝光光子).

需要提醒读者注意的是,图12.3中,我们只画出了一个钙原子、一个紫外线光子,激发一个电子,产生一对纠缠光子.这显然不是实验中的真实情况.实际上是一束紫外线打到一堆钙原子上,辐射出来的是两束光、很多对纠缠光子.在测量相关函数时,需要对多个光子运用统计方法进行计算.以后谈到实验时,也都是说的这种统计的测量和计算效应,特此表明,不再赘述.

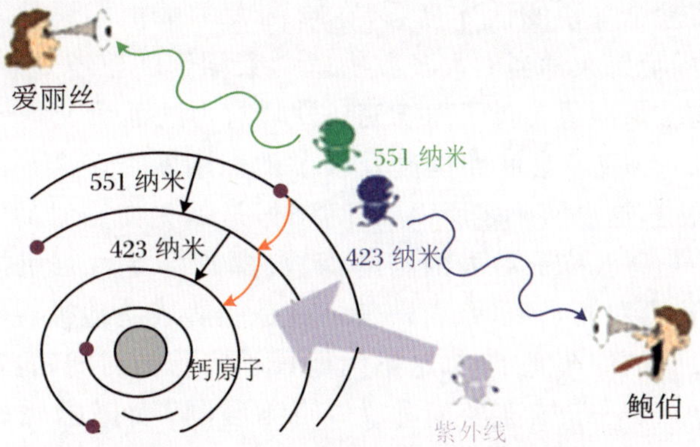

图12.3　通过原子级连辐射产生一对纠缠光子

无论如何,克劳瑟发现,要证明贝尔不等式,加州大学伯克利分校科协尔和康明斯的实验数据还不足够,但是他们的方法却是非常可取的.于是,克劳瑟心急如焚,想尽快作出这个实验,便立刻写信给他的祖师爷汤斯,申请伯克利博士后的工作.他如愿以偿,汤斯接受他做博士后进行有关射电天文学的观测研究.汤斯毕竟是得过诺贝尔奖的大师级人物,眼光不凡,有远见卓识,还同意克劳瑟在做射电天文的同时,分出一半时间来做验证贝尔不等式的量子力学实验.不过,当克劳瑟到达伯克利时,科协尔已经离开,康明斯还在那儿.但是,康明斯对验证贝尔不等式之事不感兴趣.最后,还是由汤斯出面,提议康明斯让一个研究生帮助克劳瑟工作.这样,克劳瑟才和弗里曼一起,开始了他的实验.

如此一来,原来的四人小组CHSH在进行实验时,开始分道扬镳了:克劳瑟和弗里曼在加州大学伯克利分校实验室,背后有西摩尼和霍恩的支持.而哈佛大学的霍尔特,则从"四人小组"中脱身出来，继续在波士顿的哈佛大学进行自己的实验，作为他博士论文的课题. 天下之事，分久必合，合久必分，科学家们之间也是如此. 于是，这四个原来的合作伙伴，分别在美国东西两岸拉起队伍，暗暗地展开了竞争.

这四个人又如何预料和期待他们的实验结果呢？

克劳瑟是一个热情洋溢、活泼外向的年轻人. 和贝尔一样，更相信爱因斯坦的隐变量解释，非常希望自己的实验结果能有助于找出量子论中的隐变量，引起物理理论的大革命. 他用当时看起来数目不小的一笔钱（据说是 500 美元）与一个朋友打赌，赌隐变量理论赢、量子力学输. 霍恩没有和人打赌，但认为量子力学会赢，因为他觉得这个古怪的量子力学总是赢！ 老练的西摩尼则不表态，说只有实验结果说的话才算数. 在哈佛大学单枪匹马战斗的霍尔特，则认同哈佛大学当时大多数物理学家相信的正统观点，希望自己的实验结果能成为量子力学完备性强有力的证明.

1972 年，克劳瑟和弗里曼发表了他们用两百多个小时完成的实验的报道，这个实验之所以如此费时，是因为在当时的实验条件下，得到纠缠态粒子对太困难的缘故. 那真的是百万里挑一的概率：每 100 万对光子中，可能只有一对是能够成功地被观测到对结果作出贡献的纠缠光子对. 这不但拖长了实验的时间，也影响了实验的精度，被后来的实验者称为“侦测漏洞”而提出质疑并加以改进.

有趣的是，这两个实验的结果都和实验者的期待相反. 克劳瑟希望量子力学输，他的实验结果却大大地违背了贝尔不等式，以 5 个标准差的偏离，强有力地证明了量子力学的正确性！

几乎同时，霍尔特也得出了他的实验结果，但他保持沉默，迟迟没有发布他的结果. 他的结果与他的期待不一样，没有违背 CHSH - 贝尔不等式，好像是支持隐变量理论的，这令相信量子论的霍尔特忐忑不安. 当然，使得霍尔特犹豫不言的主要原因，是他的实验结果看起来非常勉强. 在上面的 CHSH - 贝尔不等式中，不是要求两地所测的 4 个关联函数之和小于或等于 2 吗？ 而霍尔特的结果小于 2，又很靠近 2. 因此，他相信实验中一定有什么地方不对头，影响了观测结果. 霍尔特的实验也是使用原子级联的方法来产生纠缠光子，但是，他不是用钙原子，而是使用汞. 后来，有人找出了他实验中的问题，重新用汞做了这个实验，仍然得到了支持量子论的结果.

之后，接连又有好几个实验小组，包括吴健雄的实验室在内，都进行了检验贝尔不等式的实验，结果全都证明了量子力学的正确性.

不过，大家公认的对量子力学非局域性的最后实验判决，却是到了 20 世纪 80 年代初，由一位法国物理学家阿斯派克特作出的[29-30].

阿斯派克特 1947 年出生于法国西南部加龙河畔的阿让(Agen)，那是一个以葡萄酒、美食佳肴为文化特色的美丽浪漫的小村庄.阿斯派克特从小就立志要成为一名科学家，后来果然成为著名的实验物理学家，为实验验证量子力学的基础理论作出了重要贡献.

20 世纪 80 年代初，阿斯派克特前往非洲做了三年志愿者之后，来到了巴黎，攻读他的物理博士学位.那时的法国，不仅仅是风花雪月的浪漫之都，也是人才荟萃的重要的世界物理研究中心.从首屈一指的巴黎大学走出了众多世界一流的科学家：笛卡儿、帕斯卡、拉瓦锡、柯西、居里夫妇及其女儿女婿……这一大串闪亮的名字，都吸引着阿斯派克特.

在非洲喀麦隆做三年社会工作的业余时间里，阿斯派克特反复阅读了有关量子力学基础理论的书籍和论文，对有关 EPR 佯谬及用贝尔不等式来检验量子力学非局域性的课题特别感兴趣，这也是他从非洲返回祖国，进入巴黎大学攻读博士学位的初衷.

阿斯派克特知道检验贝尔不等式的第一个实验是 1972 年由克劳瑟和弗里曼在加州大学伯克利分校完成的，但实验存在一些被人诟病的漏洞，因而结果不那么具有说服力.因此，阿斯派克特设计了一个系列实验，决定重复并改进克劳瑟等人的工作.其次，阿斯派克特还有他的优越性，那就是他所在的巴黎离贝尔工作的欧洲核子研究组织所在地不算太远，可以经常开车到 CERN 去找贝尔讨论问题.当贝尔第一次见到他，得知他只是一个刚开始做物理研究工作的博士生时，吃惊地表示："啊，还是个学生，但你一定是一个非常大胆的学生！"

科学研究的确需要勇气和胆量，伟大的成就只钟情于勇敢的开拓者，不会眷顾那些跟在他人后面摇旗呐喊的庸碌之辈.对科学创新来说，勇气、眼光和创造力、想象力一样，太重要了.

阿斯派克特努力勤奋地开始工作，用心制造和改进所需要的每一件设备.他计划做 3 个实验(图 12.4).

第一个实验，基本构思和克劳瑟等人的一样，但结合了弗雷(Fry)和汤普森(Thompson)在 1976 年实验中采用激光器作为激励光源的方法.阿斯派克特深知纠缠光源对他的实验的重要性.

实验室中,光的偏振和电子自旋类似,阿斯派克特用激光来激发钙原子,引起级联辐射,产生一对往相反方向做“圆偏振”的纠缠光子.圆偏振光可看作两个线偏振光的叠加.圆偏振光有两个不同的旋转方向,这可类比于电子的自旋,因此,之前对自旋纠缠电子对的讨论都可以用在极化的纠缠光子对上.

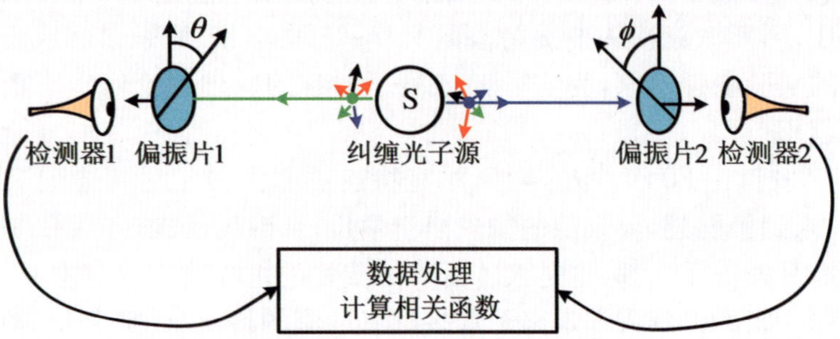

图 12.4　贝尔不等式实验验证示意图

两个纠缠光子偏振方向不能确定,但总是保持互相垂直

克劳瑟 10 年前的实验中没有使用激光,这说起来是他的最大遗憾.当年,克劳瑟的身边就站着激光的发明人汤斯.可不知道为什么,他在实验中却没有使用这个威力强大的武器.也许是因为当时的激光不容易使用,也许是当时还没有波长合适的激励钙原子的激光源,也许是克劳瑟急于求成?无论如何,历史巨人毕竟已经迈过了 10 年的步伐,阿斯派克特使用两个激光源激励钙原子产生光量子纠缠对,他的这个实验结果,使贝尔不等式达到 9 个标准差的偏离,相对于克劳瑟的 5 个标准差的偏离,改进了好几个等级.

阿斯派克特的第二个实验,是利用双通道的方法来提高光子的利用率,减少前人实验中的所谓“侦测漏洞”.这个实验也大获成功,最后以 40 个标准差的偏离违背贝尔不等式,再一次强有力地证明了量子力学的正确!

阿斯派克特的最大贡献是在第三个实验中,采取了延迟决定偏光镜方向的方法.

用实验验证贝尔不等式,其根本目的就是要验证量子力学到底是局域的还是非局域的.非局域性的意思是说,如果测量纠缠光子对中一个光子的偏振,将会影响到它的孪生兄弟,另一个光子的偏振方向.这种影响的发生,不允许两个光子之间存在任何沟通.

换句话说，贝尔不等式体现了局域条件对两个光子的关联协作程度的限制，或者说，对它们的逻辑能力的限制.不是吗？在现实社会中，如果有一对双胞胎出生后从未见过面的话，即使他们的基因完全一样，但因为他们是作为两个不同的个体而存在的，所以他们仍将会有完全不同的人生经验.如果在远离的两地，对他们进行各方面的考试测验的话，他们应该是表现得不那么紧密相关的.

重要的是，这两个双胞胎不能暗地里互通消息，也不能有出题目的人参与其中共同作弊.否则的话，上面的结论就不能成立了，他们之间被测量出来的关联程度会大大增加，给人以他们能瞬时间传递心灵感应的假象.在实验中也得做到这一点：要保证两个纠缠光子间没有交换信号的可能性.阿斯派克特在第三个实验中，采用延迟决定偏光镜方向的方法，就是为了保证这一点.或者说，他在克劳瑟等人实验的基础上，多加了一道闸门，完全排除了纠缠光子间交换信号的可能性.

这个建议来自于约翰·贝尔.他说，如果你预先就将实验安排好了，两个偏振片的角度调好了等在那儿，然后，你从容不迫、慢吞吞地开始实验：用激光器激发出纠缠光子对，飞向两边早就设定了方向的检偏镜，两个光子分别在两边被检测到……在这整个过程中，光子不是完全有足够的时间互通消息吗？即使我们不知道它们是采取何种方法传递消息的，但总存在作弊的可能性吧.

如何才能断绝两个双胞胎考试作弊的可能性呢？起码，我们能想出的办法就是“延迟”出题的时间，最好是等两个双胞胎已经分别坐到了两地的考场上，再将即时随机抽取的两套题目分给两个考官.这样一来，双胞胎就没法互通消息了，即使是最快的电话、电邮也都来不及了.阿斯派克特在实验中采取的也是这种类似方法，他不预先设定两个检偏镜的角度，而是将这个决定延迟到两个光子已经从纠缠源飞出，快要最后到达检偏镜的那一刻.

当然，阿斯派克特的这种想法还得有实验室的可行性.他的两个检偏镜距离纠缠源分别6.5米左右.因此，当两个光子快到检偏镜的那一刻，它们之间的距离大约是13米.最快的信息传递速度是光速，光也需要40纳秒(1纳秒 = 10^{-9}秒)的时间来走完13米的路程.因此，阿斯派克特发明了一种基于声光效应的设备，能使得检偏镜在每10纳秒的时间内旋转一次.这样，两个纠缠光子就不可能有足够的时间来互相通知对方了.换言之，它们来不及了解情况并告知对方：我碰到的检偏镜是某个方向的，因此，你也做好准备将偏振调节到某个方向……它们即使想作弊也来不及了！阿斯派克特的第三个实验原理如图 12.5 所示.

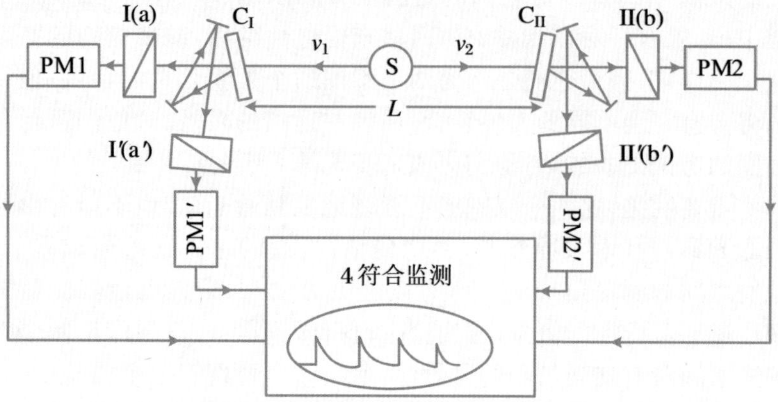

图 12.5　阿斯派克特的实验设置[29-30]

中间的 S 是纠缠光源,Ⅰ(a)、Ⅱ(b)等是 10 纳秒旋转一次方向的检偏镜;四条通道的测量数据汇总到下方的"符合检测设备"进行处理

阿斯派克特的三个实验大获成功,被作为量子力学非局域性的最后判决.后来,1998 年,泽林格(A. Zeilinger)及其同事在奥地利因斯布鲁克大学完成的实验,更为彻底地排除了局域性的漏洞,下一章我们将要谈到.

量子力学是非局域的,这在物理界基本上是公认的结论.至于这结论背后是不是真的隐藏着超光速,人们仍然不能确定,尽管它表面上看起来似乎是一种类似的效应,但我们并不能利用它实际地传送信息,因此,这和爱因斯坦的狭义相对论并无矛盾.当初,德布罗意那"物质波"的相速度 c^2/ν 就比光速要快,但只要不携带能量和信息,它就不违背相对论.量子力学非局域性的认可,并不等于相对论被推翻,相反,相对论和量子论两者至今仍然是我们所能依赖的最可靠的理论基石.

也许正因为有关"局域""隐变量"等的争论尚未尘埃落定,有关量子纠缠研究及应用方面至今没有人获得诺贝尔奖.1990 年,贝尔 62 岁时,因脑出血而意外逝世.

阿斯派克特和克劳瑟,还有下一章要谈到的泽林格三位实验物理学家,曾获 2011 年的诺贝尔物理学奖提名.虽然最后,此奖项的殊荣落到了另外三位从事宇宙膨胀理论研究的物理学家头上,但这三位实验物理学家对量子力学理论和实验方面的贡献已经得到了学术界的公认,他们用一系列越来越精妙的实验验证了贝尔不等式,因而扩展了量子纠缠态在通信及计算机应用方面的研究.因为这些贡献,他们三人被授予了 2010 年的沃尔夫物理奖.

让我们再次总结一下对EPR、贝尔定理、贝尔不等式及其实验验证的理解.

爱因斯坦在EPR文章中提出的所谓“局域性”的意思是说:一个地方发生的事不可能瞬时地影响到另一个距离很远的地方发生的事.然而,两个纠缠粒子之间看起来就像是有这种作用:一个被测量,波函数坍缩了,另一个也立即坍缩.

但是,贝尔设想,如果这种一致的坍缩并不是由“远距离作用”而引起的,而是由纠缠粒子产生出来时的某种“隐变量”而引起的,那就仍然是符合“局域性”的.于是,贝尔便根据存在“隐变量”的假设,得出了一个表示经典统计规律约束的不等式,量子论如果可以用“隐变量”来解释的话,就应该符合这个不等式.

但是,量子力学的理论和实验都违背了不等式,所以,微观世界的“隐变量”不存在,因此,微观粒子的行为不符合爱因斯坦所要求的“局域性”.这就是贝尔定理所叙述的:从任何“局域隐变量”的理论,都不可能得到量子力学的全部统计结果.

贝尔不等式是假设“隐变量”存在时,根据统计规律而推导出来的.经典力学是符合贝尔不等式的.如果量子力学中存在“局域隐变量”,量子力学的结果应该是对隐变量的统计平均值,如果这个结果也符合贝尔不等式,就能把量子力学纳入经典的轨道.然而,量子力学的结论违背了不等式,这就证明了,我们不能用引进“隐变量”的方式将量子力学纳入经典的轨道.

第 13 章　幽灵成像和量子擦除

阿斯派克特在提到他 20 世纪 80 年代所做的那三个实验时说："令我感到自豪的，除了实验本身之外，还有我们的工作引起了人们对贝尔定理的广泛关注."事实的确如此，自阿斯派克特的实验之后，更多的物理学家们开始思考量子力学的基本原理，因为现在"非局域特征"已经不仅仅是像过去的爱因斯坦和玻尔之间所进行的那种没完没了的哲学之争，它成为一个在实验室里可以检验的热门课题. 人们从各个方面，用不同的方法，来验证量子纠缠态存在的事实，从而也检验量子力学的非局域特征.

产生纠缠态的纠缠光源，也与时俱进，在技术和原理方面都得到了大大的改进. 美国罗彻斯特大学的伦纳德・曼德尔(L. Mandel)，利用激光照射在非线性晶体上产生的自发参量转换来产生更为稳定可靠的纠缠光子对. 曼德尔的学生杰夫・金伯尔(H. J. Kimble)后来在得州大学奥斯汀分校和加州理工学院改进了量子纠缠光源，并完成了一系列与量子光学有关的突破性实验. 中国著名的光学专家、山西大学光电研究所彭堃墀院士，曾在美国加州理工学院金伯尔的实验室里工作过. 当时，彭院士作为主要研究人员用双 KTP 晶体(有别于 1992 年发表于 PRL 文章中用单个 α 切割的 KTP 晶体)经腔内参量下转换证实了量子相干性，第一次在实验中实现了连续变量的 EPR 纠缠.

另一位华裔物理学家，美国马里兰大学的史砚华也做了一系列有趣的实验，包括著名的"量子擦除实验"，以及我们在第 5 章中提到的约翰・惠勒提出的延迟选择实验. 史砚华的实验结果非常精确地符合量子力学的理论预测. 在史砚华的一系列实验中，最有趣的是一个被称为"幽灵成像"的实验[31].

如图 13.1 所示，纠缠光源发出互为纠缠的红光子和蓝光子. 经过偏振器之后，红、蓝光子分开，向不同的方向传播. 在史砚华等人的实验中，与通过了狭缝的红光子互相纠缠的蓝光子被识别分离出来，投射到一个屏幕上. 人们发现，红光子经过的狭缝图像，像幽灵鬼影一般呈现在蓝光子投射的屏幕上.

图 13.2 是史砚华等人的实验设计及结果图. 在他们的实验中,狭缝形状不是一个"鬼影",而是四个字母"UMBC"(图 13.2 右上角),这是马里兰大学的英文缩写. 图 13.2 右下角的实验结果显示,那些经过了狭缝的光子的孪生兄弟们,在实验室的另一端遥相呼应,幽灵般地呈现出了与狭缝形状一致的图像:UMBC.

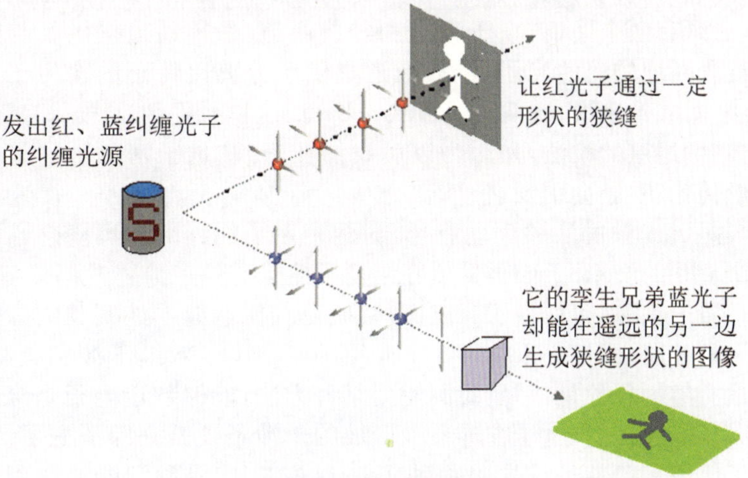

图 13.1 幽灵成像原理

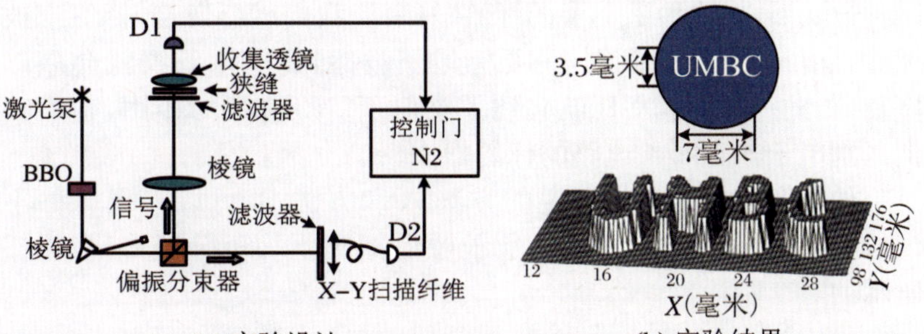

(a) 实验设计　　(b) 实验结果

图 13.2 史砚华等人的"幽灵成像"实验[31]

以上"幽灵成像"这个生动的实验,给了我们一些什么启示呢? 首先,我们再一次直观地认识到:光量子的纠缠现象是确实存在的,否则,经过狭缝的红光怎么会由完全分道扬镳的另一路蓝光在远处成像呢? 如果不使用"量子纠缠"这个概念,用经典光学的理论是解释不了这个现象的. 因此,这个实验利用了纠缠光子对,这是第一关键处. 但是,仅此还不足够,因为红、蓝光子是在很早就分开了的,只有一部分红光子穿过了狭缝,而所有的蓝光子都到达了这边的屏幕．这“所有的”蓝光子成不了任何图像，必须把穿过狭缝那些红光子的蓝色孪生兄弟一个一个找出来，只有让它们排队站在屏幕上，我们才能看到图像．如何寻找这些孪生蓝光子呢？类似于我们比较一对兄弟的 DNA 来判断他们是不是同卵双胞胎一样，实验物理学家们也自有他们的办法来鉴定．不外乎是测量它们的关联函数之类的，我们在此不详细叙述．

或者，我们可以从上面一段话总结出一些要点．要完成幽灵成像，必须有两个通道：量子通道和经典通道．量子通道提供了与所有红光纠缠的蓝色光子，经典通道提供了分离出特别的孪生子的方法．对成像来说，这两个通道缺一不可．这里我们再次强调“量子经典”两通道的说法，是因为以后我们在谈到“量子密码”及“量子隐形传输”时还会用到它．

幽灵成像的实验生动有趣，对两个量子纠缠的深奥概念给了一个直观的演示．下面再简单介绍量子擦除实验[32]．

量子擦除（也称量子橡皮擦）实验是杨氏双缝干涉实验的一个变形和扩展．回忆一下在第 3 章介绍的杨氏电子双缝干涉实验，其中最有趣的现象是：一旦我们使用某种方法，能够判定电子是穿过了哪条缝过来的，电子在屏幕上形成的干涉条纹就立即消失了．而量子擦除实验就是首先用一种实验手段 A，使得我们能够得到电子走哪条路的信息，也就是说，让被探测的粒子“贴上”一个“哪条路”的标签，在贴上标签后，便没有了干涉条纹．然后，我们又采取某种方法 B，将这种贴上了的标签“抹去”．我们就会发现，标签未被擦除之前，没有干涉条纹，只要标签一被擦除，干涉条纹就会立即恢复．如此一来，方法 B 就起到了类似于“橡皮擦”的作用，它能够把区别电子来自哪条道路的标签擦去．

如何实现上面我们所说的方法 A 和方法 B，可以有很多种不同的选择，但从原理上来说，量子橡皮擦实验均可分成如图 13.3 所示的三个阶段．

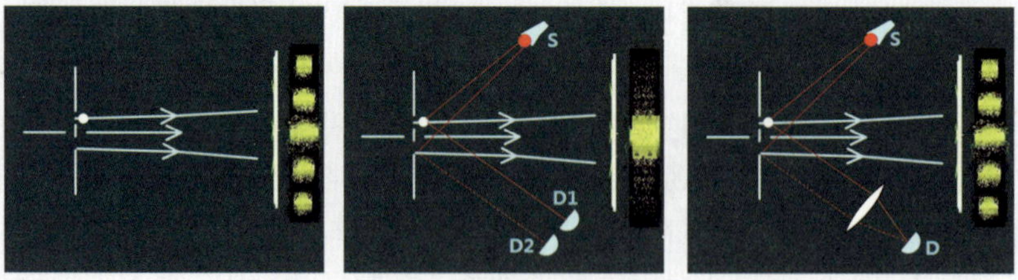

(a)　　(b)　　(c)

图 13.3　量子橡皮擦实验

(a) 电子双缝干涉实验；(b) 电子通过哪条缝？做记号，干涉条纹消失了；(c) 加上透镜聚焦擦除记号，干涉条纹又出现了

图 13.3 中所示的方法来自于《科学美国人》2007 年 5 月一期中 R. Hillmer 和 P. Kwiat 的文章《自制量子橡皮擦》. 据说，这个揭示了量子力学深奥理论的实验简单到可以在普通人的家中实现，有兴趣的读者不妨自己试试，亲身体会一下量子理论的神奇.

实验的第一阶段：我们在第 3 章中描述过的电子双缝干涉实验，如图 13.3(a)所示.

第二阶段：图 13.3(b)中加进了一个额外的光源 S. 实验时，利用电子对光源 S 发出的光的散射，来区分散射光是被穿过哪一个狭缝的电子所散射的. 因为两条狭缝的空间距离，可能被散射的两条光线(图中用细线 1～4 表示)或是两个光子，分离开一段距离，后来分别被计数器 D1 或 D2 所俘获. 观测是 D1 还是 D2 接收到散射光子，便能够确定电子是经过哪条缝过来的. 不过，正如我们所描述过的那样，这时，屏幕上的干涉条纹消失了.

第三阶段：我们像图 13.3(c)所示，在散射光路上加上一个透镜聚焦，使得从两条路来的红光子到达同一个位置：焦点. 这时我们无法区分两个光子. 也就是说，在这种实验设置下，我们无法从放在焦点上的计数器 D 来区别光子是被哪条狭缝的电子散射过来的. 也可以说成是我们利用透镜的聚焦作用，用透镜这个量子橡皮擦，将区别电子走了哪条路的记号给擦除掉了. 不信你再看看屏幕，果不其然，屏幕上在第二阶段消失了的干涉条纹又回来了！

量子橡皮擦实验最开始是由美国得克萨斯农工大学的物理学家史卡利(M. O. Scully)在 1982 年提出来的，30 多年来，许多实验室用各种方法重复过这个实验.

量子橡皮擦实验可简要叙述如下：在双缝实验中，如果我们给粒子路径打上标记，就会破坏干涉，但之后我们又再设法擦除这个标记的话，量子干涉将重新恢复. 更进一步，我们什么时候擦除这个标记呢？我们可以像在惠勒提出的延迟选择实验中那样，直到干涉的电子快要到达显示屏幕时，再来擦除记号. 甚至有人提出更匪夷所思的想法，待电子已经打到屏幕之后再来擦除记号，结果又将如何呢？

也有利用量子纠缠态来实现的量子橡皮擦实验，这样可以利用控制纠缠对粒子中的一个，远距离地来擦除量子干涉.

幽灵成像和利用量子纠缠态的量子擦除实验都是研究纠缠现象的重要实验，使我们对这个幽灵有了更深层次的认识. 但是，由量子纠缠而引发的量子通信方面应用研究的新篇章，却是从(格林伯格、霍恩、泽林格)三个人对三粒子纠缠态的研究开始揭开的.

第 12 章中，我们叙述了法国科学家阿斯派克特在 20 世纪 80 年代初期证实CHSH-贝尔不等式的实验.这期间，CHSH 那几个美国物理学家又在做些什么呢？读者应该记得，其中有波士顿大学的西摩尼和他的学生霍恩.霍恩的博士工作做完后，便四处找工作，求教职.的确，没有哪个科学家是能够不食人间烟火的，任何时候生存都是第一要务.霍恩还算幸运，他在离波士顿不远的斯通希尔学院(Stonehill College)找到了一个工作.吃饭的问题虽然解决了，但是，霍恩感兴趣的是有关量子力学的实验啊！那个学校既没有像样的实验室，也没有著名的物理学家.头脑灵活的霍恩绞尽脑汁想办法.他看中了麻省理工学院克利夫·沙尔(沙尔后来是 1994 年的诺贝尔奖得主)的实验室，想到那儿去做有关“中子”的研究.另外，霍恩当然也不能丢掉 Stonehill College 的饭碗，于是，他去麻省理工学院实验室找到沙尔，介绍自己之后，半开玩笑地说:“我可以经常到这里来玩么?”没想到沙尔神秘地笑了笑，指着实验室一张大桌子，风趣诙谐地给了他一个满意的回答:“你就在那儿玩吧!”

霍恩这一玩就玩了 10 年，从 1975 年到 1985 年，10 年间的许多假期、夏天、每个不上课的星期二，霍恩都会来到麻省理工学院沙尔的实验室做他喜爱的物理实验.可贵的是，他在那儿结识了丹尼尔·格林伯格(D. M. Greenberg)和泽林格，之后多年，三人一直保持着亲密的友谊，密切合作.这样，才有了后来(1993 年)以他们三人姓名第一个字母命名的 GHZ 论文.

泽林格就是我们在上一章中提到过的奥地利维也纳大学的著名物理学家，量子纠缠态的先驱.而格林伯格又是何许人也？且让我慢慢道来.

格林伯格 1933 年出生于纽约的布朗克斯，后来进入著名的布朗克斯科学高中.这所中学的优秀程度，特别是格林伯格所在的那个 1950 届毕业班，说起来令人吃惊，不得不让人刮目相看！布朗克斯科学高中可算是孕育物理学家的摇篮，它的校友录上闪闪夺目地写着七位诺贝尔物理学奖得主的大名！其中包括两位格林伯格的同班同学.他们是 1979 年的诺贝尔物理学奖得主:格拉肖(S. Glashow)和温伯格(S. Weinberg).在这个 1950 届的毕业班中，还有曾任美国物理学会会长的 Buckley 奖获得者萨拉奇克(M. Sarachik)，以及另外好几个任教于美国名校的著名物理学家.

从这一届学生后来在物理研究中获得如此辉煌的成就，我们似乎可以想象当初的少年伙伴们醉心于科学的程度.的确,布朗克斯科学高中并不用考试和分数来束缚学生,而是留给他们一定的共同活动的时间与空间.丰富多彩的课余生活使得学生们的思维有自由翱翔的天地.当年的1950届的学生们还自发组织了一个"科幻小说俱乐部".俱乐部成员们通过科学幻想的方式,漫无边际地谈论科学.格林伯格在班上不是等闲之辈,堪称出类拔萃.据诺贝尔奖得主格拉肖后来的回忆,他就是在学校的食堂里与格林伯格一起进餐时,从格林伯格那里第一次学到微积分概念的.

让我们回到20世纪70年代末80年代初.那几年,格林伯格和泽林格每年都会到麻省理工学院克利夫·沙尔的中子实验室去做一段时间的研究工作.他们在那儿认识了经常来实验室"玩"的霍恩.对量子理论基础的共同兴趣,把这三个人的学术研究生涯紧密纠缠在了一起.

大概是1985年的某一天,格林伯格坐在霍恩家的厨房里,看着围着炉子忙碌打转的霍恩,莫名其妙地问了一句:"你觉得三个粒子纠缠起来会是个什么样子?"

"三个粒子纠缠? 实验室里能得到吗?"霍恩满脸疑惑地问.

实验物理学家考虑问题毕竟不一样,霍恩首先想到的是实验的可能性.格林伯格告诉他说,在吴健雄-萨科诺夫的正负电子对湮灭实验中,通常是生成两个纠缠的光子对,但也曾经观察到生成了三个相互纠缠光子的情形,恐怕可以由此例提供一个实验方案.

霍恩考虑了一会儿,眼睛一亮,说:"我觉得这是一个非常好的研究课题呀!"他鼓励格林伯格花点时间,首先从数学理论上把三粒子纠缠的问题弄清楚了再说.

在朋友的鼓励下,格林伯格开始研究三粒子纠缠,并得到了有趣的结果.我们在第15章中再详细介绍.

第 14 章　何谓量子比特

我们使用在第 10 章中表述量子态时所用的简单数学，描述一下三粒子纠缠时的状态.然后，由此再介绍量子计算机及量子通信中需要使用的基本单元：量子比特.

假设我们有三个粒子 A、B 和 C，它们分别都有两种定态 0 和 1 (A_1，A_0；B_1，B_0 和 C_1，C_0). 因此，它们的单粒子定态可以组成 8 种三粒子定态：

$$|111\rangle, |110\rangle, |101\rangle, |100\rangle, |011\rangle, |010\rangle, |001\rangle, |000\rangle \tag{14.1}$$

其中使用了狄拉克符号来表示三粒子的状态.狄拉克符号其实很简单，只不过是给原来代表状态的字母或数字两边，加上了一件由左右两个符号“|”“〉”制成的“外套”而已.穿上了这件外套，所表示的状态看起来要比接连写一串数字或字母，意义清楚明了多了，并且还多了一层“量子”的意思.比如说，我们用|111〉来表示三个粒子 A、B 和 C 都是 1 的那种量子状态.这里的 0 和 1，对电子来说，对应于不同的自旋；对光子来说，则对应于不同的偏振方向.其实，狄拉克创造的外套符号有两种.除了我们在式(14.1)中用过的右矢|〉(英文名 ket)之外，还有一个左矢〈|(英文名 bra)，我们以后也将会碰到.

读者可能还会发现，式(14.1)中所列出的 8 种状态，与计算机数学中使用的二进制中，3 个比特所能表达的所有二进制数值非常相像.不错，这正是我们本章的后半部分要介绍的 qubit.在这里，狄拉克 ket“外套”|〉起到了作用，使它们看起来才有别于经典计算机科学中所说的 bit！

和以前介绍过的双粒子纠缠态类似，从式(14.1)中列出的8 种三粒子定态，我们可以组成无数多种纠缠态.其中，格林伯格等人感兴趣的是后来被人们称作 GHZ 态的那一种量子态.GHZ 态可以写成如下表达式：

$$|GHZ\rangle = |111\rangle + |000\rangle \tag{14.2}$$

按照前面几章的惯例，我们在公式(14.2)中略去了归一化系数$(\sqrt{2})^{-1}$．以后也都照此办理．

这个GHZ纠缠态是什么意思呢？类似于对双粒子纠缠态的解释，我们可以这样说：这个态是两个三粒子本征量子定态$|111\rangle$和$|000\rangle$的叠加态．我们再来复习前面几章中介绍过的所谓"叠加"的意思：当我们描述电子干涉双缝实验时，"叠加"意味着电子同时通过两条缝，既穿过缝1，又穿过缝2．所以，这里$|111\rangle$和$|000\rangle$的"叠加"就应该意味着这个三粒子体系既是$|111\rangle$，又是$|000\rangle$．换言之，同时是定态$|111\rangle$和定态$|000\rangle$．如果使用哥本哈根学派波函数坍缩的诠释说法：在测量之前，三个粒子是什么状态我们完全不能准确地说清楚．但是，一旦我们测量其中一个粒子，比如说，我们如果在z方向测量粒子A的自旋，其结果是$|1\rangle$，那么，另外两个粒子z方向的自旋状态也立即分别坍缩为$|1\rangle$；如果我们测量其中粒子A在z方向的自旋，结果是$|0\rangle$，那么，另外两个粒子z方向的自旋状态也立即坍缩为$|0\rangle$．在上述说法中，如果被测量的不是粒子A，而是B或C，另外两个粒子也将遵循类似的坍缩过程．

使用更严格的数学，可以证明：GHZ纠缠态是三粒子量子态中纠缠度最大的态．我们在这里谈到了纠缠度的大小，却尚未对纠缠度下定义．说实话，对于纠缠度，至今还没有一个公认的明确定义．一般可以用量子统计中使用的冯·诺伊曼"熵"来定义纠缠度，但这就越扯越远，越扯越专业化了，就此打住．

除了GHZ纠缠态之外，在量子信息中又有人研究一种三粒子纠缠态中的W态：

$$|W\rangle = |100\rangle + |010\rangle + |001\rangle \tag{14.3}$$

图14.1很直观地描述了GHZ纠缠态和W纠缠态的区别．

GHZ态和W态分别对应于纽结理论中的博罗梅安(Borromean)环和霍普夫(Hopf)环．从图14.1中很容易看出两种结构的区别．如果我们断开图中左边博罗梅安环三个圆环中的任何一个，其余两个圆环也立即分开，这点性质可以对应于刚才我们所描述的GHZ态的量子力学特征：一旦测量三粒子系统中的任何一个粒子，其余两个粒子也立即分别坍缩为它们各自的单粒子定态．但是，如果我们考察图中右边的霍普夫环，就会发现：当剪开三个圆环中的任何一个时，另外两个圆环并未被分开，仍然纠缠在一起．这种纽结的性质也有它的量子力学对应：从W态的表达式(14.2)

中看出，当测量其中一个粒子而结果为 $|0\rangle$ 的时候，另外两个粒子塌缩到不能分离的双粒子纠缠态：$|10\rangle + |01\rangle$.

图 14.1　三粒子纠缠态和纽结理论

GHZ 态和 W 态是两类完全不同的纠缠态，不能互相转换. 对三粒子系统的 GHZ 态和 W 态可以很容易地推广到 n 粒子系统. 用量子计算的语言来说，表达式(14.2)和(14.3)可以很容易地从 3-qubit(3 位量子元)系统推广到 n-qubit(n 位量子元)系统.

现在，我们解释一下什么叫 qubit 或 q 比特. 类似于比特，它所表示的是量子计算机技术中的一个存储单位. 随着计算机和网络走进社会，走进人们的日常生活，有关“比特”“二进制”等概念几乎已经家喻户晓. 而现在在本书中，我们在“比特”这个词前面，加上了一个 q，本书讨论的又是量子(quantum)问题，qubit 的意义便显而易见了，那不就是一个“量子比特”吗？

然而，重要的是，一个“量子比特”和一个“比特”，本质上有哪些相同及不同之处呢？很幸运，我们在前面表示三粒子纠缠时，用的是 0 和 1，这和计算机中表示“比特”和“二进制”的符号是完全一致的，这是量子比特和比特的共同点，至于它们的不同之处，可以从物理和算法两个角度来理解.

我们首先从物理的角度来看“比特”：在经典计算机的电子线路中，一般是经由介质中某点电压的“高”和“低”两种不同的物理状态来表示数学中的“0”和“1”. 比如说，我们可以将大于或等于 0.5 伏特的电压状态规定为“1”，小于 0.5 伏特的电压状态规定为“0”，这样，在一个确定的时刻，某点的电压或者是“高”，或者是“低”，也就是说，一个寄存器的输出要么是“1”，要么是“0”. 两种状态中，只能取其中之一. 这是由经典物理的决定性所决定的. 这个或 0 或 1 的电压输出，就可以用来表示一个“比特”.

看到这里，读者们已经预料到了，既然用经典的电压高低状态来表示比特，那么，本章中讨论了半天的量子态就可以用来在物理上实现一个“量子比特”. 比如说，电子的自旋有“上”“下”之分，光子的圆偏振方向有“左”“右”之别，这些量子力学中的物理量都可以用来对应于 1 和 0 两个数字，构成“量子比特”.

谈到量子比特的特别之处，又回到了贯穿此书的、我们唠唠叨叨不断说到的一个量子现象的基本特点：那种“既是此，又是彼”的叠加态. 也就是说，量子力学中的物理量都是分立的、不连续的、概率的. 不存在那种类似经典力学中的“在确定的时刻，确定的输出电压”的概念. 所以，一个“量子比特”在一个确定时刻的数值是非决定性的. 既是“上”又是“下”，同时是“0”又是“1”.

“量子比特”和“比特”在算法意义上的不同，也是基于用以表达它们的物理状态的不同. 我们知道，一个经典的比特有 0 和 1 两种状态，可以用它来表示 0，或者表示 1，但只是表示 0 和 1 中的一个. 而一个量子比特同时有 0 和 1 两种状态，因此，就可以用它来表示 0，也表示 1，同时代表两个数. “一个数”和“两个数”差别不大，但如果是 3 个比特(或 3 个量子比特)放在一起，就有些差别了. 3 个经典比特有 8 种不同的状态，但仍然只能表示 0～7 之间的一个数. 如果是 3 个量子比特组成的系统，就不一样了. 这种情形下，可以同时存在 8 种不同的状态，因此，它可以用来同时代表 0～7 这 8 个数.

现在，假设我们有了一个 3-qubit 系统构成的计算器，我们可以进行计算了. 比如说，将它乘以 5. 当我们输入 5，并发出运算指令后，这个 3-qubit 系统中0～7的所有 8 个数都开始进行运算，并同时得出 8 个结果来，令人吃惊吧！这比起一个经典的 3-bit 系统只能得到一个结果来说，运算速度不是快了 8 倍吗？因为它相当于 8 个经典计算器同时进行平行运算. 可不要小看这个 8 倍，如果把它看成是 2^3 的指数形式，意义就大了. 假设我们的量子计算机有 100 量子比特或者更多的话，你不妨计算一下，计算速度将增快多少.

用一个通俗的比喻来说，经典的原则是：“鱼”和“熊掌”不能兼得，而在量子世界中，“鱼”和“熊掌”竟然可以兼得！这样，一台量子计算机就相当于指数倍增长的多台经典计算机在同时进行平行运算. 可想而知，那速度当然快喽！

第 15 章　费恩曼先生敲边鼓

我们从上一章学到了，计算信息科学中的一个量子比特可以对应于量子物理中一个粒子的叠加态. 使用狄拉克的符号，单粒子叠加态(或量子比特)可以表示为

$$|\text{量子比特}\rangle = \alpha|0\rangle + \beta|1\rangle \tag{15.1}$$

其中，α，β 为满足 $|\alpha|^2 + |\beta|^2 = 1$ 的任意复数，它们对应于两个定态在叠加态中所占的比例系数. 当 $\alpha = 0$，或者 $\beta = 0$ 时，叠加态就简化成两个定态 $|0\rangle$ 和 $|1\rangle$. 两个比例系数的平方：$|\alpha|^2$ 或 $|\beta|^2$，分别代表测量时，测得粒子的状态是每个定态的概率.

既然量子比特是量子计算中最基本的单元，我们就对它稍微研究得更详细一点. 图 15.1 是比特和量子比特的几何表示. 图中矢量 a 和 b，分别表示经典计算中所用的 0 和 1 两种状态. 右边量子比特示意图中的矢量 c，表示量子世界中一个一般的叠加态，这些所有叠加态的端点，组成一个半径为 1 的单位球面，被称为布洛赫(Bloch)球面. 经典比特中的 0 和 1 也被包含在这个球面中.(对量子比特欲知更多，请参考附录 C.)

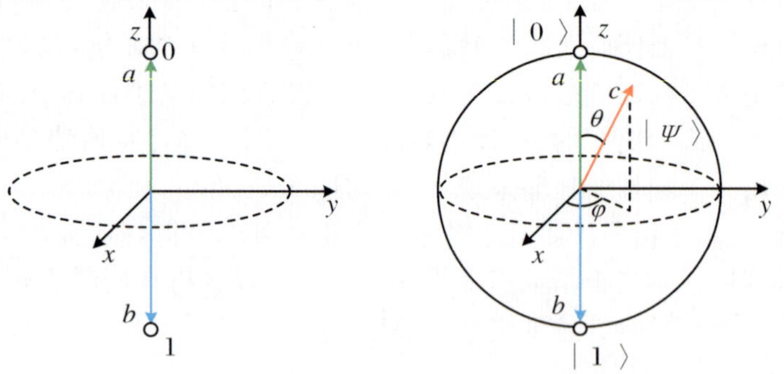

(a) 比特　　　　(b) 量子比特

图 15.1　比特和量子比特的比较

综上所述，一个量子比特有无穷多个状态，遍布整个球面. 每

个状态对应于布洛赫单位球面上的一个点.在量子比特上进行一个运算,把量子比特从一个状态变成另一个状态,或者说,将球面上的一个点变成另一个点.这种对应于布洛赫球面旋转的变换是一种幺正变换(unitary transformation).所以,对量子比特做一系列运算就相当于进行一连串的幺正变换.

我们从布洛赫球面图中还可以看到,经典计算机中的比特两个状态:$|1\rangle$ 和 $|0\rangle$,也已经被包含在布洛赫球面中,分别对应于球面上南极和北极两个点.所以,我们可以说,经典比特是量子比特的特例.或者说,量子计算机是经典计算机的推广.

这个推广非同一般,从经典计算机推广到量子计算机,使得计算能力呈指数增长.

使用量子比特与使用经典比特的另一个不同之处是,当我们有多于一个量子比特连在一起时,能将它们互相关联起来,构成纠缠态.也就是说,经典计算机中,许多比特靠在一起组成寄存器时,每个比特独立坐在自己的座位上,互相不关联.而量子计算机里的量子比特不但紧紧靠在一起,还手挽着手,显得分外亲密.当然,这些量子比特是以何种方式牵手的呢?是每两个量子比特都牵着手,还是只是两个相邻的量子比特才牵手呢?它们牵手的方式,对我们的计算及通信又有些什么不同的作用和意义?对于这些问题,科学家们也是极为关注的.

再以上一章中提到过的三粒子 GHZ 纠缠态和 W 纠缠态为例说明.首先,我们将这两种纠缠态的表达式推广到 n 个量子比特的情形.那时,它们可以写成

$$|GHZ\rangle_n = |11\cdots1\rangle + |00\cdots0\rangle \tag{15.2}$$

$$|W\rangle_n = |10\cdots0\rangle + |01\cdots0\rangle + \cdots + |00\cdots1\rangle \tag{15.3}$$

上一章中我们还将 GHZ 纠缠态比喻为博罗梅安环,而将 W 纠缠态比喻为霍普夫环.简言之,GHZ 纠缠态是断开一个就全部断开,而 W 纠缠态却是断开一个不影响其余.对于 n 个量子比特构成的 GHZ 态和 W 态,这个描述仍然适用.比如,拿 W 态来说吧,n 个量子比特构成的 W 纠缠态,在其中一个纠缠断开了的情况下,其余 $n-1$ 个量子比特还能继续保持互相纠缠.这个性质可以用到量子计算机的存储器上,以保证存储器在一个单元出了问题时,其余部分还有可能维持正常工作.GHZ 纠缠态的性质在量子通信中也有用武之地,它就像是有许多把锁,全部套在一起,锁住了一个共用的大房间,每个人只需要打开自己的那把锁,房门就

开了.这类似于所有的合伙人共用一套密码来传递信息的情况,大家都能用自己的钥匙打开房间,使用起来才比较方便.

量子计算机的最初设想是美国物理学家理查德·费恩曼(图 15.2)提出来的[33].我们在本书中,曾经多次提到费恩曼.费恩曼 1918 年生于纽约的一个犹太人家庭.想必不少人都读过那几本颇为精彩的描写费恩曼趣事的自传性的小册子:《别闹了,费恩曼先生》和《你干吗在乎别人怎么想》等.不同于一般理论物理学家在人们心目中的严谨刻板形象,费恩曼被人誉为"一个智慧超凡的科学鬼才",其传奇故事脍炙人口.他从小就是个科学顽童,后来不仅是著名的物理学家,也是一位开保险箱专家和经常演出的邦戈鼓手.此外,他还曾经像一位真正的画家一样卖掉了自己的好几幅绘画作品.中学毕业后,他进入波士顿的麻省理工学院读大学本科,再后来到普林斯顿大学读博士,师从约翰·惠勒.刚研究生毕业,他就参加了研制原子弹的著名的"曼哈顿计划".之后,他开创了路径积分,在量子场论中,用形象的费恩曼图,直观地表示粒子散射、反应和转化等过程.因为他对量子电动力学的杰出贡献,被授予 1965 年的诺贝尔物理学奖.

1981 年 5 月,美国波士顿麻省理工学院的校园里,鲜花盛开,绿草如茵.科学家们在这里召开了物理学和计算机技术的第一次会议,费恩曼博士在会上作了一个题为 *Simulating Physics with Computers* 的报告,从此揭开了研究发展量子计算机的新篇章.

图 15.2　多才多艺的费恩曼

像许多科学家一样,费恩曼先生企图用计算的方式来模拟这个物理世界.他在报告中提出了一连串令人深思的问题.首要问题是:经典的图灵计算机可以用来模拟量子物理吗?答案是否定的,就像现在的经典计算机无法在足够短的时间内破解保密通信的密码一样，当我们试图用计算机来模拟量子力学时，计算量将随着系统(微观粒子数)的增大而按指数增加.那么，既然经典的计算机不行，是否有其他的计算模式可以模拟量子世界呢？费恩曼的想法别具一格，却又合情合理：他认为微观世界的本质是量子的，想要模拟它，就得用和自然界的工作原理一样的方式，也就是量子的方式才行.对此，费恩曼风趣地表示，既然这个该死的大自然不是经典的，你最好是“模拟它的方法来模拟它”，以其人之道还治其人之身嘛！我们得做到和大自然做的一模一样.那就是说，我们要想模拟这个量子行为的世界，就得研究微观世界的量子是如何工作的，然后，建造一个按照量子力学的规律来运行的计算机，最后才能模拟它.不过，费恩曼最后又感叹地说：“天哪，这是一个非常精彩的问题，却不是那么容易解决的！”

是可爱的费恩曼先生首先将物理学和计算机理论联系到一起，是他在麻省理工学院会上精彩的演讲才使得计算机科学家开始用热情的目光关注物理学的进展，关注量子力学.于是，这才有了后来种种有关“量子比特”及其算法的研究，以及量子信息、量子计算、量子通信、量子传输等各个技术领域的重大发展和突破.

难能可贵的是，费恩曼还是一个孜孜不倦的物理教育家，他为大学生们所写的《费恩曼物理学讲义》，是由费恩曼的课上录音记录整理而成的.有趣的是，据说费恩曼真正去课堂上课时，每次只带一张纸！这三大册物理学讲义，远远不同于一般的教科书，特别是书中融入了费恩曼的个人思维方式和对物理学的观点，至今仍然被视为大学物理教材中的经典之作.

理查德·费恩曼于1988年69岁时去世.一代奇才从此长眠于地下，留给我们的是他对物理学、计算机科学、艺术和对生活的超凡理解和无限热忱.还有他在病床上逝世前的最后一句话，如今听起来，是否也颇有费恩曼先生活跃风趣的影子暗藏其中呢？费恩曼最后的话是：

“还好，人只需要死一次！否则很讨厌，因为它是如此沉闷……”

别了，费恩曼先生！

天才的费恩曼还有鲜为人知的另一件事.那是在1986年，美国的“挑战者号”航天飞机，在发射后的第73秒时，由于航天飞机右侧的固体助推器的O形环密封圈失效碎裂，导致机身解体而使得7名宇航员全部罹难.之后，费恩曼参加到“挑战者号航天飞机事故总统调查委员会”之中.特立独行的费恩曼，不是完全根据上级规定的日程表工作，而是以自己的风格，直接对事故进行深入调查. 查出事故的原因后，在一场电视广播的听证会上，费恩曼将材料浸泡在一杯冰水之中，展示了 O 形环如何在低温下失去韧性而丧失密封的功能，通俗地说明了导致这场重大灾难的技术原因. 并且，费恩曼尖锐地批评美国国家航空航天局(NASA)在“安全文化”上的缺失，坚持要委员会将自己个人对航天飞机可靠性的观点列入最后的报告中，他总结自己的观点时说：“想要在技术上成功，实情要凌驾于公关之上，因为大自然是不可欺骗的.”费恩曼以一个科学家的良心再次赢得了公众的赞赏.

第 16 章　三光子之舞

当然，像费恩曼那样多才多艺且又能高瞻远瞩的全才，毕竟只是凤毛麟角．有多少人能像费恩曼一样，一会儿遨游在深奥的物理世界，一会儿又活跃于计算机领域，一会儿跳上舞台打鼓，一会儿又沉浸到绘画中……

对大多数人来说，饭得一口一口地吃，路要一步一步地走．物理学家们也是如此．伟大的科学成就既来自于巨匠们的雄才伟略，也少不了一代又一代学者们的辛勤奉献．光阴荏苒，岁月悠悠．20 世纪八九十年代，仍然是在美国波士顿，麻省理工学院校园内的鲜花谢了又开了，草地黄了又绿了．费恩曼曾经在这里的大会上高谈阔论，为未来的量子计算机筹划蓝图，后来又参与到调查挑战者号航天飞机事故之中……再后来，费恩曼告别了这个世界．我们的大自然，依然如故地保持着她那蒙娜丽莎式的神秘微笑，查尔斯河上美丽的夜景如旧．科学家们，无论在象牙塔里还是在实验室中，一晃就是十几个春秋．这些年来，我们在第 12 章中提到的 GHZ（格林伯格、霍恩和泽林格）三位物理学家，仍然经常在波士顿的麻省理工学院会面，一直到 20 世纪 90 年代．他们坚持不懈、兢兢业业地思考着 EPR 佯谬、贝尔定理等量子理论中的基本问题．他们被多个粒子的纠缠问题困扰着．

当然，在这段时间内，物理学界也取得了不少成果．随着高能物理的迅速发展，粒子加速器能量不断提高，粒子物理“标准模型”逐渐完善，基本砖块似乎已经具备．在物理理论上，随着夸克理论的提出、弱电统一理论的建立和量子色动力学对相互作用的正确描述，四种作用力中除去引力之外的三种：电磁、弱相互和强相互作用，都可以用规范理论描述，还有超弦理论和场论，颇为成功的大爆炸宇宙模型……尽管引力理论和量子力学的矛盾显得越来越尖锐，但乐观的人认为：统一理论的大厦看起来已经近在咫尺，指日可待了．然而，在这一切表象之下，如何诠释量子论的问题仍然悬而未决，量子力学基本原理牵扯着的哲学问题，仍然像带状疱疹病毒一样，暗地里啮咬着物理思考者的神经.

现在，让我们继续 GHZ 等人的思路，再回到量子物理的基本问题上来.实际上，20 世纪 90 年代，GHZ 小组的成员并不止格林伯格、霍恩和泽林格三人，波士顿大学的西摩尼也参与了其中.

最能反映量子物理基本问题的当然还是爱因斯坦等人提出的 EPR 佯谬.前几章中我们说过，贝尔定理和贝尔不等式提供了在实验室里检验 EPR 佯谬的可能性.但那是用双粒子纠缠源的情形.如何用三粒子纠缠态来表述 EPR 佯谬呢？GHZ 小组研究了这个问题，发现用三粒子纠缠系统，类似于贝尔定理，可以得出比贝尔定理更简单的结论：GHZ 定理.

还记得我们在第 9 章中推导出的贝尔不等式吗？这个不等式，在一定条件下，反映了经典关联函数和量子论预言的关联函数之间的差别(图 12.2).考察一下图中如下一些点，也就是 0°，90°，180°，270°，……我们发现，这些点的关联函数值，只有 1，-1 或 0.我们将这些点称为具有“完美的相关性”(perfect correlations)的点.这些点对应的关联函数值，包括了完全“相关”(+1)、完全“反相关”(-1)以及完全“不相关”(0).

从图 12.3 中可以看到：对两粒子纠缠系统来说，在“完美的相关性”之处，经典关联函数和量子论预言的关联函数数值是完全一样的，没有任何差别.因此，贝尔在推导贝尔不等式时，感兴趣的并不是这些离散的几个“完美相关”点，而是其他那些连续的、无穷多的“不完美相关”点.这也就是为什么在导出贝尔不等式时需要考虑关联函数对所有的隐变量点积分求平均值的缘故.

有趣的是，对三粒子纠缠系统来说，粒子间的纠缠关联大大加强了.强到我们不需要考虑那些乱七八糟的“不完美”的点，而只需要考虑具有“完美的相关性”的那些情况就已经足够了.因此，导出 GHZ 定理不需要计算积分来求平均值.只从那几个“完美”点的数值，就能看出经典关联函数和量子论预言的关联函数之间的天壤之别了.换言之，对两个粒子的情况来说，“完美关联”点是些极其普通的“平凡点”，在这些点上，经典论和量子论完美符合，丝毫引不起人们的兴趣.而同样是在这些“平凡点”上，互相纠缠的三个粒子，却能跳出美妙的华尔兹！并且，我们将看到，在它们奇妙的舞步中，显露出量子现象诡异的面孔.

因此，相对于贝尔定理，GHZ 的工作有两个优越之处.一是他们只考虑几个分离的“完美相关”点，所以，解释 GHZ 定理不需要运用统计求平均值，不用求平均值也就不用积分.二是用 GHZ 定理来说明量子力学的非局域性，不需要像贝尔那样，费心地推导出一个古怪的不等式，而只是用几个等式之间的逻辑矛盾，只运用语言，就说明了问题[34].

格林伯格、霍恩、泽林格和西摩尼四人，把他们 1990 年为 GHZ 定理而发表的论文，命名为《没有不等式的贝尔定理》. 现在我们就试图解释一下这个 GHZ 定理.

图 16.1 的中心是一个发射出三粒子纠缠态的光源. 这三列光束中每个光子的自旋定态可以分别是 $|0\rangle$ 和 $|1\rangle$. 它们朝着互为 120°的方向飞出去. 在远离纠缠源的地方，有三个光子探测器，分别放在光束的三条路径上，用以测量光子的自旋(或称偏振). 每个探测器有两种测量设置：可以选择在 0°或者是在 90°的方向上来测量光子自旋. 每个探测器又都有一个输出的指示灯：亮或不亮. 根据在一定设置下测到的光子自旋是 $|0\rangle$ 还是 $|1\rangle$ 而定.

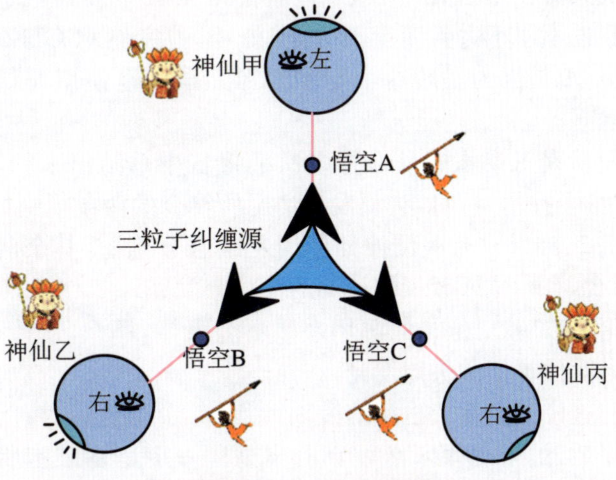

图 16.1　三光子纠缠

在图 16.1 中，将发射出去的光子想象成了三个小孙悟空. 所以，我们用通俗的比喻，将这个思想实验重复一遍：从中间的石头缝里蹦出了三个互相纠缠的小孙悟空，朝着互为 120°的方向奔跑出去. 这里我们不妨假定这三个孙悟空是同卵三胞胎，出生之后再也没碰过面. 在远离他们出生的地方，有三个神仙(甲、乙、丙)，分别盯着这三个孙悟空手中的金箍棒. 这种金箍棒有两个不同的旋转方向：上旋(0)或者下旋(1). 每个神仙看金箍棒时都有两种方法：只用左眼看或者只用右眼看. 或左，或右，标示在图中圆圈的中央，用左眼或右眼观察到的结果不一样. 每个神仙的头顶能发出蓝光，他们发光与否，是用不同的眼睛，根据看到的金箍棒的旋转方向而定.

实验中还有一个重要的规定必须声明，那就是石头爆炸后，三个孙悟空、三位神仙之间是没有可能互通消息的，我们可以借用在第 12 章中“阿斯派克特的实验”所使用的“延迟决定”这个词，让神仙很快地、随机地换用左眼和右眼，以杜绝六者之间作弊的可能性.

对于刚才所述的思想实验，GHZ 三位物理学家想，我们首先用量子力学的规律，来预测一下实验结果吧. 我们这里就略去了他们用量子力学进行的冗长、繁琐的数学计算，只向读者点明几个有趣的结果. 玉皇大帝高坐在天庭之上，哪有精神去想这些具体计算呢？他只需要听听众神的报告，知道三位神仙用左眼看还是右眼看，知道他们的头顶发光没发光就行了. 玉皇大帝甚至不需要区分到底众神报告的是哪位神仙，他们一模一样，区别他们并不重要，众神每次只需要报告几个数字，他就能悟出其中的玄机了. 况且，玉皇大帝也不屑于去弄懂量子力学，如今，他突然对 GHZ 定理产生了兴趣，也是因为发现这个定理好像完全可以使用非物理的语言来表述啊.

下面就是玉皇大帝从众神多次的报告中总结出来的，当三位神仙看“量子孙悟空”时，头顶发光情况所符合的两条规则如下：

规则 1：如果只有一位神仙使用左眼看金箍棒，其余两位使用右眼，那么，有一位或者三位神仙的头顶会发光；

规则 2：如果三位神仙都用左眼看金箍棒，那么，众神报告说：零位或者两位神仙的头顶发光.

我们这位玉皇大帝也相信爱因斯坦，心中暗自思忖：问题可能不那么复杂，量子规律未必就真的离谱！一定是在三胞胎孙悟空从大石头里蹦出来的时候，大石头交给了他们一张指令表，大家按照表中的指令约定好，到时候，知道了神仙用的是哪只眼睛之后，每个孙悟空都按照这张表来设置手中金箍棒的旋转方向，恐怕就能使得结果符合那两条规则了.

什么样的约定表呢？看看图 16.2 中指令表的例子就能明白.

	甲	乙	丙
左		●	
右	●		●

1. 神仙甲用左眼看，孙悟空就调整金箍棒转向让他的头顶不发光，如果是右眼，让它发光；
2. 神仙乙用左眼看，孙悟空就调整金箍棒转向让他的头顶发光，如果是右眼，让它不发光；
3. 神仙丙用左眼看，孙悟空就调整金箍棒转向让他的头顶不发光，如果是右眼，让它发光。

图 16.2　三粒子纠缠态中每个粒子携带的一种约定表

图 16.2 中的约定表，有 3 列、2 行，“列”代表每位神仙，“行”代表神仙观察的方法：用左眼还是右眼. 行列的交叉点空格处，有的画了灰色小圆圈，有的没有. 这些小圆圈就是给孙悟空的指令，可教孙悟空在这种情形下应该如何调整它的金箍棒旋转方向，以使得神仙头顶发光(有圈)或不发光(没有圈).

现在，给读者留点思考的时间，想一想：如果三个孙悟空按照图 16.2 中给的指令采取行动，最后的结果能符合规则 1 吗？如果符合规则 1，那么规则 2 呢？

再重申一下通俗比喻与真实物理的对应关系：

“神仙们的两种观测方式，对应在 0° 和 90° 的两个方向上测量光子的偏振；

金箍棒旋转方向，对应不确定的光子偏振方向；

神仙头顶发光与否，对应神仙观测到的光子偏振方向.”

再继续刚才的实验，石头爆炸后，三个孙悟空朝不同方向飞出. 在互相距离很远之处分别被三位神仙抓住. 这个“很远”的意思就是说它们之间是没有可能互通消息的，每个孙悟空被抓住前的一刹那，只知道抓自己的那位神仙用的是左眼还是右眼，并不知道别的神仙使用哪只眼睛，但是，根据量子力学计算的结果，这三个孙悟空似乎能够在最后一刻仍然协调地行动，使得神仙发光的结果总是符合两条规则.

前面又说了，玉皇大帝了解了“量子孙悟空”遵循的两条规则之后，便作如下设想：所谓的“量子孙悟空”恐怕也没有什么神秘之处. 他们之所以能在相距很远的地方还能够互相紧密关联，并非他们有什么“超距心灵感应”，而是因为三个孙悟空在分离的那一刹那，都得到了一张约定表. 表中给出了孙悟空被神仙抓住时的行动指令.

如果仔细考察研究一番图 16.2 给出的那个指令表，就会发现，那个表能够符合规则 1，但是不能符合规则 2. 下面的例子则反过来(图 16.3)，能够符合规则 2，但是不能符合规则 1.

	甲	乙	丙
左	●	●	
右		●	●

1. 神仙甲用左眼看，孙悟空就调整金箍棒转向让他的头顶不发光，如果是右眼，让它发光；
2. 不管神仙乙用哪只眼睛看，都让他发光；
3. 神仙丙用左眼看，孙悟空就调整金箍棒转向让他的头顶不发光，如果是右眼，让它发光。

图 16.3　三粒子纠缠态中可能的另一种约定表

为方便大家起见，在此，我们将两条规则简单地重复写一遍：

规则 1：如果一位神仙用左眼看，另两个用右眼，那么，有一位或三位头顶发光；

规则 2：如果三位神仙都用左眼看，那么，有零位或两位头顶发光.

玉皇大帝想，不管怎么样，现在的任务就是要找出这样一个表，让三个孙悟空(经典的)按照表上的指令行动，使得既能符合规则 1，又能符合规则 2. 这样，不就可以解释量子力学，也就是解释那三个所谓“量子孙悟空”的诡异行为了吗？也就是说，情况有可能正是爱因斯坦所预料的：“量子孙悟空”其实和“经典孙悟空”是一样的，只要有了这张表！玉皇大帝寻找的那张表，不就是爱因斯坦所假设存在的“局域隐变量”吗？

约定表的确就类似于局域隐变量，问题是，这样的指令表存在吗？

还好，问题不难，我们可以很快地研究完所有可能的指令表. 因为每个指令表中只有 6 个格子，每个格子或者有灰色圆圈，或者没有灰色圆圈. 所以，可能存在的指令表的数目只等于 $2^6 = 64$. 总共不过只有 64 种可能的约定表而已！

玉皇大帝手下的计算官员很快就考察了这 64 种约定表. 他们首先使用规则 1，发现大多数的约定表都不能符合，只有图 16.4 中的 8 种表才能符合规则 1.

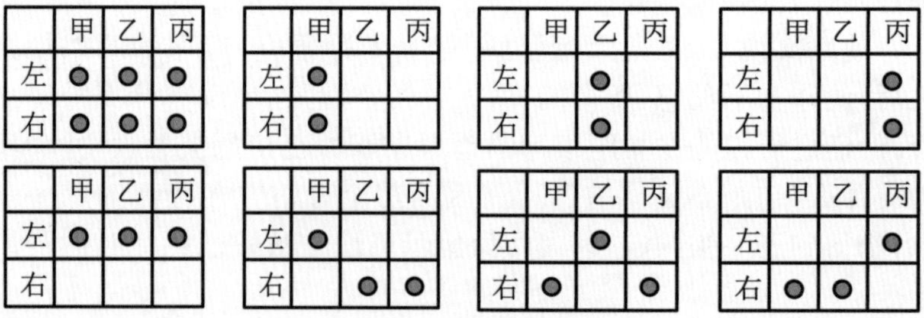

符合第一条规则的8种情况

图 16.4　三粒子纠缠态中符合规则 1 的 8 种约定表

现在，剩下的问题就是用规则 2 来检查这 8 种指令表了. 第一个，不行. 第二个、第三个……情况不乐观，检查的结果，8 种指令表中，没有一个能够符合规则 2!

玉皇大帝有些迷糊了. 这是怎么回事呢？那就是说，找不到这样一个预先给定的约定表，用它来对三个孙悟空定下行动指令，让他们能够在被神仙们观察的那一瞬间，按照指令来调整金箍棒的旋转方向，而使得结果符合规则 1 和规则 2. 但是，量子孙悟空的行动却能够很好地符合这两条规则！对此，似乎只有一个唯一的解释:量子孙悟空的行动不符合爱因斯坦在EPR论文中所定义的局域实在性.他们似乎总能够在最后一刻,互相高度协作地行动.为什么他们能如此高度协调地行动呢?再推论下去就使得玉皇大帝不禁也打了个寒战,因为好像有某种超过光速的作用要出现了.玉皇大帝记得爱因斯坦的相对论中有那么一条,光速是不能超过的.爱因斯坦提出过警告:"如果量子力学是正确的,这个世界就有点疯狂!"作为世界的最高管理者,玉皇大帝可不想让这个世界疯狂.

但是现在,好像用经典局域隐变量理论解释不通这三个量子孙悟空的行为.当三个孙悟空距离"很远"被抓住时,它们好像不仅知道抓住自己的神仙用哪只眼睛,而且也知道另外两位神仙用哪只眼睛观察,否则,不可能总是表现出如此高度的协作性.

其实,上面的结论早在多年前的贝尔定理及其实验证明之后,就已经是既成事实了.不过事关重大,况且贝尔的理论和不等式又太复杂,玉皇大帝似懂非懂,不愿意认同.这次的GHZ定理太直观了,它既不需要不等式,又不用统计方法,却同样地给出了与局域实在论不相容的结果.玉皇大帝不得不静下心来分析这严峻的形势,立即想到还有最后一根稻草:那两条规则只是从量子力学的理论得出来的,如果量子力学的理论错了呢?那一切问题就不存在了.所以,尽管GHZ等人的文章说得头头是道,还是需要实验验证.当然,玉皇大帝也知道,总的来说,量子力学的理论已经被实验验证了近百年了.无论如何,再等待一次实验吧!

1996年,一个中国青年来到了奥地利维也纳,这个音乐的王国,众多著名的音乐大师的故乡.不过,年轻的学子潘建伟不是要追随约翰·施特劳斯创作《蓝色多瑙河》,而是跟着伟大的物理学家,量子力学创始人之一埃尔温·薛定谔的步伐,大步踏进了维也纳大学庄严雄伟而又美妙绝伦,像一座巨大博物馆似的校园.

维也纳大学是现存最古老的德语大学,高雅古典的文化氛围、得天独厚的自然风光,造就了无数个名人,包括二十几位诺贝尔奖得主.潘建伟在中国科学技术大学攻读学士及硕士学位时,就对量子力学的基本理论问题感兴趣,迷上了理论物理.在维也纳大学攻读博士学位期间,他师从走在国际前沿的物理学家泽林格,短短的几年内就在量子信息传输领域内取得了一系列惊人的成果.

2000年,潘建伟等在《自然》杂志上发表文章[35],首次成功地利用三粒子纠缠态实现了GHZ定理的实验验证.此外,在此期间,潘建伟还和泽林格(图16.5)的团队一起,在量子隐形传态方面取得了一系列重大突破.后来,潘建伟敏锐地洞察到量子信息这一学科未来必有大的发展,仿效老一辈科学家,他回到了祖国,在他的母校中国科学技术大学,与郭光灿院士等一起走出了一条独特的研究道路.十年磨一剑,近几年他们有关量子传态方面的新成果振奋人心,捷报频传.此是后话,我们在第21章还将谈到.

潘建伟

泽林格

图16.5　潘建伟和泽林格

2011年,潘建伟因突出表现,于41岁当选为当年中国科学院最年轻的院士.

让我们再回到GHZ定理以及贝尔定理等的哲学意义上来.

面对着一次又一次的实验验证,玉皇大帝也束手无策,原来世界上果然有爱因斯坦所不可理解的"幽灵般的行动"啊!想起爱因斯坦的话,"如果量子论正确,这个世界就有点疯狂!"对此,GHZ小组中的格林伯格说:"这个世界的确很疯狂!"不过,玉皇大帝见多识广,还有很多别的招数来应对.

他想,量子力学也许是正确的,看起来使人感觉疯狂是因为解释的问题,到底应该如何来诠释量子论呢?玉皇大帝研究了各种各样的诠释,感觉似乎全都不尽如人意,不过觉得对一个理论有如此多种的诠释,这在天下知识界中,除了量子论之外,恐怕也别无他物,于是便将支持人数较多的几大诠释列在后面的第21章中,立此存照,以便世人查阅.

第 17 章　量子加密

“道高一尺，魔高一丈”，这句源于佛家用以告诫修行者的俗语，可以恰当地用来比喻加密技术与窃听技术之间不停升级的智力战争.保密概念自古有之，最早的历史可追溯到古希腊、古罗马以及古代中国.保密概念也人人有之，因为每个人都有些不愿告人的秘密.（对保密通信技术的追求，更是人类文明社会的普遍现象.）每个国家、历任政府都有大量的机密，特别在战争时期，情报是否泄漏会影响战争的胜负，关乎千万人的性命.在当今这个网络通信突飞猛进的时代，通信及资料信息的安全性问题更是成为连广大普通民众都非常关注的焦点.正因为保密和破译是如此重要，才有了密码学.在密码学的发展历史中，充满了加密者和窃密者之间永无休止的斗争.

古希腊有一种简单易懂的密码：传递方将一条长长的布带子缠在一个圆筒上，然后沿着圆筒的轴线方向一行一行地在布带上写满文字.打开后的带子上只见杂乱无章的字母.接受方收到带子以及知道了与传递方约定好了的圆筒直径 d 之后，将带子缠到一个同样直径的圆筒上，便能达到解码的目的.

当然，图 17.1 的密码安全性很差，是很容易被破解的.古代西方常用的另一种密码，是将一句话中的每个字母，根据字母表移动一个（或数个）位置而产生的.这种密码也不难破解，最多只需要实验 25 次就一定能得到原文.

中国明朝的著名军事家戚继光发明了一种反切码，并编了两首类似于“密码本”的诗歌.这种密码使用汉字注音方法中的“反切法”，将汉字发音中的“声母”“韵母”以及当时字音的八种声调等概念结合在一起，再遵循两首诗歌中的约定，进行编码和解码.据说，其原理等效于现代密电码的设计原理，但却比现代密码更难破译.

尽管在几千年之前的古代社会，就开始有了“密码”的雏形，但“密码学”作为一门真正意义上的科学而发展起来，应该是从 1948 年左右，克劳德·艾尔伍德·香农（C. E. Shannon）发表了《保密系统的通信理论》和《噪声下的通信》这两篇论文算起.

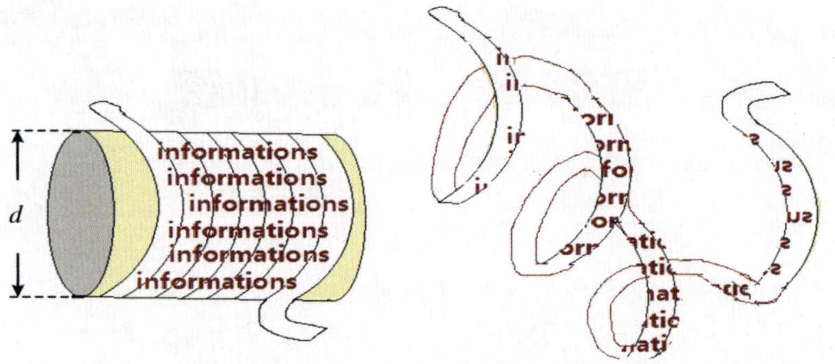

(a) (b)

图 17.1 古希腊的一种密码技术

香农是美国著名的数学家,信息论的创始人,数字通信之父,可以说是一个影响了整个数字通信时代的伟大人物.香农 1916 年出生于美国密歇根州的一个小镇,小时候的他对世界充满好奇,童年时最崇拜的人物是爱迪生,之后香农才吃惊地发现,原来这位大发明家还是他的一位远房亲戚.

在香农 85 年的生命中,最具创造力的、年富力强的时候都是在新泽西的贝尔实验室及波士顿的麻省理工学院度过的.他的一位同事斯列宾(D. Slepian)曾经描述当时在贝尔实验室的生活:"我们大家都带着午饭来上班,饭后在黑板上玩玩数学游戏,但克劳德很少过来.他总是关起门来工作.但是,如果你要找他,他会非常耐心地帮助你.他能立刻抓住问题的本质.他真是一位天才,在我认识的人中,我只对他一人使用这个词."[36]也正是在贝尔实验室,香农邂逅了他的妻子,数据分析员玛丽.结婚之后,香农几乎每天晚上都骑着他的独轮车到贝尔实验室工作.

在贝尔实验室里度过的漫长岁月里,香农奠定了信息论及数字保密通信的基础,使密码学由艺术变成了名副其实的科学.在通信领域,香农的名字和成果几乎无处不在,他不但追求数学的完美,也重视理论的实践应用.他将"信息"的概念量化为数学表达式,还创造了"比特"这个名词.在第二次世界大战时,香农也是一位著名的密码破译者.在德国火箭对英国进行空袭时,由于香农所在贝尔实验室破译团队的工作,盟军能够一次又一次成功地追踪到德国的飞机和火箭,直到最后取得胜利.

在第二次世界大战中,协助破译德军密码的,还有英国著名数学家、计算机之父图灵.

图灵从小就表现出非凡的数学才能，16 岁阅读爱因斯坦的著作时，就能独立推导出其中的重要定理，23 岁时因为一篇有关中心极限定理的论文，而当选为剑桥大学国王学院院士. 图灵在获得美国普林斯顿大学博士学位之后，回到剑桥，正逢二战爆发.

第二次世界大战中最著名的密码机叫“谜”(Enigma). 这个名词实际上是二战中被德军大量使用的几种机械密码机的统称，其工作原理奠定了当今计算机加密的基础. 波兰的三位数学家破解了早期的 Enigma，并把研究成果通报给英、法，为盟国后来破解其升级版打下了基础. 图灵在其中也起了很大的作用. 破解密码的过程引发了图灵对计算机模型的思考，创造了“图灵机”——现代计算机的雏形.

不幸的是，我们的计算机之父，在 42 岁时，因为他的同性恋倾向遭受迫害而最终自杀身亡. 图灵死后，人们在他的桌子上发现一个被咬了一口的含有氰化物的苹果.

闲话少说，回归密码学的正题. 我们首先简单介绍几个常用的术语. 在密码学中，将需要保密传递的文字叫作“明文”，将明文用某种方法加密后的文字叫作“密文”或“密码”. 因此，将明文变成密文的过程就叫“加密”，反过程则称为“解密”. 在现代通信中，这个加密时(或者解密时)使用的“某种方法”一般是一种计算机“算法”，使用算法进行一个特定的计算时需要输入一个参数，一般把这个参数叫作“密钥”.

以上说法的通俗比喻是：张三邮寄一个箱子给李四，箱子中有贵重物品. 张三将箱子用某种锁锁上，又将钥匙用一个可靠的方法带给李四. 李四然后用钥匙打开锁，拿到物品. 这个过程中，锁的种类、制造的方法就类似于“算法”，开锁的钥匙就是“密钥”.

从以上例子看出，“算法”和传递“密钥”的方式是影响保密程度的关键. 如果“算法”不好，就等于是张三使用的那把锁不好，很容易被第三者打开. 但即使用了他人无法破解的“锁”，如果传递钥匙的方式不够保密的话，第三者仍然可以拦截并仿制一把钥匙来打开锁，达到盗窃的目的.

保密技术和窃密技术无休止的斗争，加上近年来计算机及网络的飞速发展，造就了密码学的不断发展. 现代常用的密码技术中，密钥分为两种：对称密钥与非对称密钥. 如果加密与解密使用同样的密钥，称为对称密钥，否则为非对称密钥. 由于对称密钥无法实现数字签名等保密功能，一些学者提出了公开密钥(非对称密钥)体制，即运用单向函数的数学原理，以实现加密、解密密钥的分离. 加密密钥是公开的,解密密钥是保密的.

1977 年由美国麻省理工学院三位科学家开发的 RSA 算法是目前常用的加密算法. RSA 的取名来自他们三者的名字. RSA 是目前最有影响力的加密算法,它基于一个十分简单的数论事实:将两个大素数相乘十分容易,因此,可将素数相乘的算法公开作为加密公钥. 但反过来,想要对其乘积进行因式分解还原出原来的素数却极其困难,因此,这个还原算法就可作为私钥. 任何窃密者收到密文后,也许想要利用计算机试图解密. 但是,如果他不知道私钥的话,这个过程对现有的经典计算机来说,理论上将花费非常长的计算时间,因此,在实用上,这种窃密方法是行不通的.

在这场保密和窃密的斗争中,量子力学能扮演哪些角色呢?这可以从保密者和窃密者两个角度来分析.

从窃密者一方来看,量子现象中叠加态和纠缠态的存在,为计算提供了经典计算机无法比拟的量子平行处理的超强能力. 因而便有可能在短时间内进行大素数分解的运算,从而破解刚才提到的诸如 RSA 之类的经典计算技术无法破解的加密算法. 这也就是在前面章节中描述过的量子计算技术.

从编码者的角度来看,量子力学将彻底地改变密码学,甚至终止保密和窃密之间原来看起来永无休止的游戏,因为根据量子力学的规则,量子密码是不可窃听、不可破解的! 量子理论似乎提供了一种绝对安全的密码系统.

具体地说,窃密者如果要窃取量子密码,必须进行相应的测量,而根据不确定原理和量子态不可复制定理,他的测量必定对量子系统造成影响,会以某种形式改变量子系统的状态. 这样就使得通信的双方能立即觉察到窃密者的存在而终止通信.

量子密码学的核心是量子密钥分发. 其目的是在两个分离的通信双方之间建立起无条件的安全密钥. 它的最原始思想可追溯到 1970 年,哥伦比亚大学的威斯纳(Wiesner)写了一篇名为《共轭密码》的论文,指出结合量子力学,可以完成两项经典密码学无法完成之事. 一是量子支票;二是两条经典信息合成一条量子信息发送,接收者可选择接收一条,但不能同时提取两条信息. 这两项都包含了量子密码的思想. 但在当时听起来太匪夷所思,不被人重视. 论文直到 1983 年才被发表. 1984 年贝内特(Bennett)等了解到威斯纳的想法后,将其与通信中的私钥密码技术结合,制定了 BB84 量子密钥分发协议[37],正式标志量子密码通信的诞生. 有关贝内特对量子通信的贡献,我们在第 19 章中还将提到.

与第 13 章中介绍的幽灵成像一样，在进行量子密钥分发时，传送方和接收方之间有两个通道：量子通道和经典通道. 图 17.2 是使用 BB84 协议进行量子密钥分发的示意图. 采用通信技术中的惯例，在图中我们用爱丽丝表示传送者，鲍伯表示接收者，伊芙表示窃密者.

根据 BB84 协议，在量子通道中，发送者利用光子的偏振态来传输信息，光子可以经过光纤或其他介质从爱丽丝处发射到鲍伯处. 经典通道则为无线电或因特网等公共通道. 一般来说，我们假设伊芙具备窃取这两个通道信息的能力.

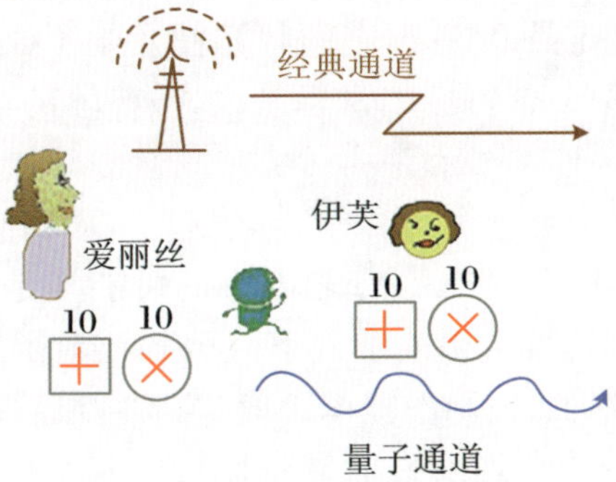

图 17.2　量子密钥分发——BB84 协议示意图

如图 17.3 所示，爱丽丝可以采取两种方式来制备偏振态的光子(或者说制备量子比特)：直线基“+”和对角基“×”. 在直线基中，分别用水平偏振(0°)和垂直偏振(90°)来表示 0 和 1. 在对角基中，分别用 45°偏振和 135°偏振来表示 0 和 1.

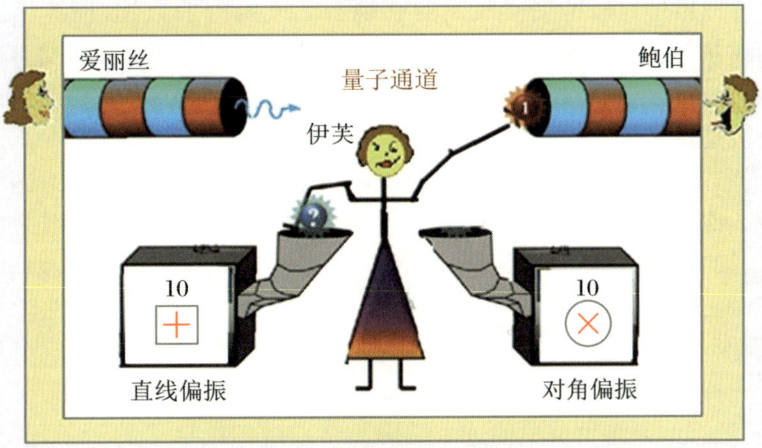

图 17.3　量子通道窃听者

这就好比是有两种产生和测试量子比特0和1的机器，一种机器叫“+”(直线机)，另一种叫“×”(对角机). 发射者爱丽丝可以随机地选择用某一种机器产生她的某一个量子比特，并将她所用的机器顺序记录下来，存放在隐秘处，而只把生成的0和1序列串由量子通道发送出去. 相应地，接收者鲍伯和偷窃者伊芙，也都拥有测试这两种量子比特的机器：直线机“+”和对角机“×”.

BB84协议利用了被传输的偏振光量子的两个特性：一是量子比特的不可克隆性，这个性质在后面第19章中会给出更多的解释；第二个性质是基于光量子偏振的特点，由两种机器(两种偏振基底)生成的量子比特的不可区分性. 由于第一个特性，一个量子比特一旦被测量而确定是0或1，它的状态便发生了改变，不再是原来被测量的数值. 第二个特性的意思是说，被传输的量子比特上并没有贴上产生它的机器的标签，因此，在测量的时候，只能将它随机地放入两种机器中的一个，如果刚好放对了，那么测得结果百分之百准确；如果放错了，那么百分之五十的可能性是正确的. 因为是随机放的，所以，测得结果的准确率应该是放对了的50%，再加上放错了的一半中仍有一半的概率正确(25%)，最后得到75%.

有了上述的对量子通道发送的量子比特的基本认识，现在我们就来看看，爱丽丝发送了0和1组成的信息串之后，鲍伯这方接收的情况.

鲍伯收到一串由量子比特构成的信息，将每一个量子比特随机地放进两种测量机中的一个，并将记录下来的测量结果和机器顺序，都从经典通道发回给爱丽丝. 如果这个信息串半路中没有被拦截的话，根据上一段的分析，它的正确率应该是75%. 这时，爱丽丝可以通过比较鲍伯接收到的和她自己发送时的数据，而算出鲍伯测量结果的正确率. 如果这个数值大约是75%，说明信息没有被窃听，这样，爱丽丝就将原来数据中鲍伯用对了机器的那些量子比特挑选出来，作为通信的密钥.

然而，如果量子比特在传输中途被伊芙拦截了的话，因为这个量子比特已经被伊芙测量过了，不再是原来的数值. 所以，因为窃密者的存在将给鲍伯得到的最后结果引入额外的50%的误差. 解释得更详细一点，伊芙窃取过的量子比特，有50%的可能性没变(爱丽丝原来的)，有50%的可能性改变了. 如果鲍伯测量的这个量子比特是被伊芙窃取过但没改变的，正确率便为：$75\% \times 50\% = 37.5\%$，如果鲍伯测量的这个被伊芙窃取过但改变了的量子比特，正确率便是$50\% \times 50\% = 25\%$. 因此，总的正确率为$37.5\% + 25\% =$

62.5%，小于原来的 75%. 这样，爱丽丝比对了自己的数据与鲍伯的数据之后，发现正确率为62.5%左右，就能知道有窃密者存在，便丢弃这次传输的数据不用而采取其他相应的措施. 比如，她可以立即换用另外一个量子通道.

贝内特等人在 1992 年发表的论文中描述的量子密码分发 B92 协议，只使用两种量子状态. 在此我们不再赘述，有兴趣的读者可参考相关文章[38].

第 18 章　量子计算机

波士顿哈佛大学附近的克雷(Clay)数学研究所,2000 年时曾经发布一则消息:将提供百万美元的奖金为 7 个当时未解决的数学问题征求答案. 到目前为止,十几年过去了,只有其中一个"庞加莱猜想"的问题被俄罗斯数学家佩雷尔曼(G. Perelman)于 2006 年解决. 但佩雷尔曼天生淡泊名利,拒绝领奖,也拒绝了同年颁发给他的数学界的诺贝尔奖——菲尔兹奖. 据说,此事还在数学界与某位数学家演绎出一段幕后故事,不过这是题外话,在此不表.

这 7 个未解决的问题中有一个是在计算机算法领域颇为著名的 P/NP 问题[39].

众所周知,计算机的发明为许多必须进行大量数字计算的问题提供了一条捷径. 计算机的计算能力是一般的人工计算无法比拟的. 一个超级计算机可以以每秒钟进行亿万次运算的速度连续不停地进行运算. 一般来说,需要进行数字计算的问题的运算量的大小与表征这个问题大小的变量数目 N 有关. 变量数 N 越大,解决问题所需的计算时间 T 越长. 当然,计算时间 T 也取决于所使用的计算方法. 计算机算法就是研究各种计算方法的学问.

所需计算时间 T 与变量数 N 之间的函数关系随着问题的不同而不同. 在有些问题中,T 与 N 呈线性关系;而在另一些问题中,则呈平方关系;也有可能随着 N 的增加而按指数增长.

研究算法的科学家们,将需要进行大量计算的问题,按照 T 随 N 增大的函数形式,分为几种不同的类型. 第一种叫 P 型,或称多项式型. 计算 P 型问题所需的时间 T 与 N 呈多项式级数关系. 多项式型问题是计算机可以解决的问题. 只要计算机的速度足够快,内存足够大,且使用了正确的算法,答案总会找到. 而另一种 NP 型的问题,还没有找到任何成功的算法,使得问题的答案能在与 N 呈多项式级数关系增长的时间内解出. 但这并不能说明这种算法不存在. 所以,这是属于不能确定 T 与 N 是否是多项式级数关系的一类问题. 此外,还有一类最困难的问题,属于 NP-Hard.

在 NP 型中，有一个数学家们最感兴趣的子集，叫做 NP 完整型. 这个子集中的任何两个问题互相转换所需的时间与 N 成多项式级数关系. 因此，如果找到了一种多项式的算法，解决某个 NP 完整问题，也就有了多项式的算法，解决所有的 NP 完整问题，这也就证明了"NP = P". 反之，如果你能够证明，这种对 NP 完整型的多项式算法并不存在的话，你就证明了"NP! = P". 克雷数学研究所的百万大奖将颁发给证明了"NP = P"或者"NP! = P"的人.

看看图 18.1，可能更容易理解 P/NP 问题.

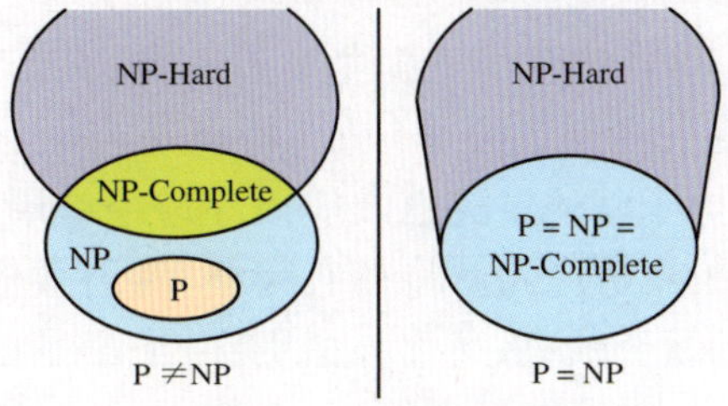

图 18.1　经典算法问题

大多数的数学家们都相信，结论应该是 NP! = P，但是要想真正严格地证明这个结论却非常困难，否则怎么会以百万美金的大奖来征求答案呢？不过，2010 年 8 月，曾经有一位来自惠普实验室的研究员声称证明了 P 不等于 NP. 但他当时只在自己的网站上宣称此事，后来似乎便没有了下文. 所以，这应该仍然是一个未解决的问题.

算法问题的实质是计算速度的问题. 从理论上来说，现在的这种经典类型的计算机永远处理不了那些计算量按指数增长的问题. 这些题目包括著名的"旅行推销员问题"、用于保密通信的大数的质数分解问题等，还有据说是属于最难的 NP-Hard 类的围棋必胜问题. 不敢说量子计算机都能解决这些困难，但总是提供了一种完全不同于经典图灵机，而是按照量子规律来运行的另一类选择性吧.

遗憾的是，量子理论诞生已有一百年左右的历史，经典计算机使用的芯片制造技术也早已涉及量子理论，但工作在数亿个经典比特基础上的计算机科学家们，竟晚了大半个世纪才认识量子计算. 如果早些进行这方面的研究的话，计算机科学也许会向前迈进一大步. 回顾计算机发展的历史，从第一台经典计算机问世以来，它在"尺寸大小"的领域经过了翻天覆地的变化，从一个占据几栋楼房的庞然大物缩小到了人们可以放在手掌上、口袋里的小东西.

近二十年，计算机技术更是经历了巨大的革命性飞跃，单个芯片上三极管的数目及运算的速度都是以指数形式逐年上升的. 正是这种高速发展，使经典计算机将很快达到它的极限. 那时的三极管的大小将达到原子的尺度.

英特尔(Intel)公司的创始人之一戈登·摩尔(G. Moore)，在20世纪70年代提出摩尔定律，声称集成电路上晶体管的集成度平均大概18个月会翻倍，计算机性能也将提升一倍. 这一定律揭示了信息技术进步的速度之快. 然而，集成技术不可能无限制地小下去，有人预测，摩尔定律十年内将走向终结[40].

预言摩尔定律将终结的论据主要有两点：高温和漏电. 当集成电路的精细程度下降到了原子级别，特别是当电路的尺寸接近电子波长的时候，电子就通过隧道效应而穿透绝缘层，使器件无法正常工作，硅金属的集成电路就将彻底终结. 隧道效应是由微观粒子波动性所确定的量子效应，又称势垒贯穿，最早是由美国的乌克兰裔物理学家乔治·伽莫夫发现的.

图 18.2　乔治·伽莫夫

出生于乌兰克的美籍著名核物理学家和宇宙学家乔治·伽莫夫(G. Gamow，图18.2)，是现代科学史上的一位传奇人物，他早年从事原子核物理学研究，提出了"核势垒隧道效应"，建立了β衰变中的伽莫夫-泰勒选择定则. 随后，伽莫夫又转向天体物理学研究，创立了著名的"大爆炸"学说，并预见到宇宙中存在着微波背景本底辐射. 1954年，他又在与自己所从事的完全不同的学科——分子生物学领域中，提出生命密码是如何工作的看法. 他在众多领域成就显赫却未能获得诺贝尔奖的事实，已成为现代科学史上引起人们广泛议论的一件憾事.

在经典力学中，不可能有"穿墙术"这种怪事，粒子不可能越过比它的能量更高的势垒. 例如，我们骑自行车到达一个斜坡，如果坡度小，自行车具有的动能大于坡度的势能，不用踩踏板就能过去. 但是，如果斜坡很高的话，自行车的动能小于坡度的势能时，车行驶到一半时就会停住，不可能过去. 而在量子力学中则不一样，即使粒子能量小于势垒阈值的能量，一部分粒子可能被势垒反弹回去，仍然将有一部分粒子能穿过去，就好像在势垒底部有一条隧道一样(图18.3).

隧道效应在微电子学、光电子学以及纳米技术中是很重要的.隧道效应有很多用途.最早的应用就是扫描隧道显微镜.在光电子技术中,由于量子隧道效应,激光可以从一根光纤进入相距很近的另一个光纤的内部,工程师们利用这个原理,制成了光纤分光器.1957年,受雇于索尼公司的江崎玲于奈,在改良高频晶体管的过程中发现了负电阻现象:当增加PN结两端的电压时,电流反而减少.这种反常现象可以用隧道效应来解释.此后,江崎利用这一效应制成了隧道二极管.近年来,人们发现宏观的量子隧道效应,观察到一些宏观物理量,如微粒的磁化强度、量子相干器件中的磁通量等,也显示出隧道效应.据说,这种宏观量子隧道效应将会是未来微电子、光电子器件的基础.另外,与量子隧道效应理论相关而发展起来的自旋电子学,是一种颇有前途的新兴科学.

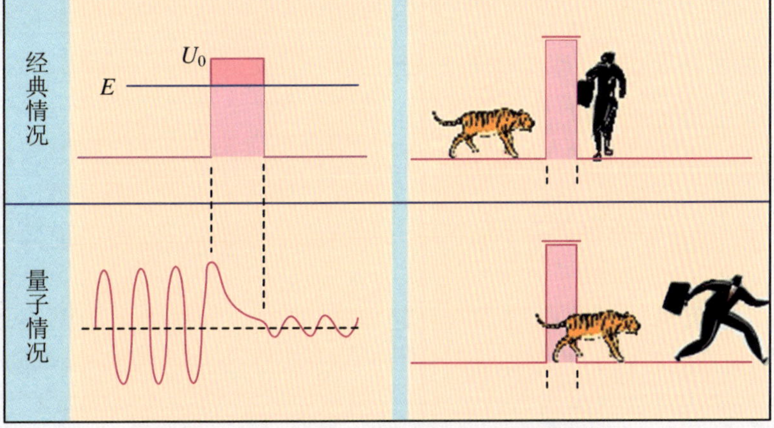

图 18.3　经典势垒不能贯穿与量子隧道效应

经典计算机,无论是60多年前占满整栋楼的庞然大物,还是现在的手机型电脑,基本原理是万变不离其宗的:基本构造单元都是比特(bit),不论是用灯泡大小的电子管来实现的一个比特,还是用芯片上的三极管(微米级大小)来表示的比特,都同样遵循牛顿力学定律.直到费恩曼观察到用经典计算机模拟量子系统时的“指数减慢”问题,才促使计算机科学家和物理学家牵手合作,正式启动了研究“量子计算机”的物理实现及算法问题.

也有人将研究“可逆计算”的美国的国际商业机器公司(IBM)的科学家兰道尔(R. Landauer)誉为“量子计算之父”.认为他在1961年做的“可逆计算”领域的发现而导致了量子计算机研究.但实际上,可逆计算的研究只是与量子计算机有关系,并未直接导致量子计算的发展，并且，兰道尔本人生前(1999 年去世)都一直不遗余力地批评量子计算机研究. 他认为量子计算机“没有考虑各种可能的噪声源，没有考虑实际生产的误差和缺陷，基本没戏”.

当然，虽然费恩曼早在 1982 年就预见到量子元件的超强计算功能，但直到 1996 年，贝尔实验室的舒尔(W. Shor)发展出一种算法之后，有关量子计算机的研究才逐渐成为学术界及一些大型工业研究部门瞩目的课题. 计算机学者开始使用和了解奇妙的量子力学规律，物理学家们也将眼光投向计算机科学，关心和探讨适合量子元件运算规律的算法. 如果将舒尔的算法用在量子计算机上的话，可以在多项式的时间内将一个大的整数分解为若干质数之乘积. 也就是说，如果未来造出了真正实用的量子计算机，在它上面使用舒尔算法及其他量子算法，前面所说的 NP 问题，便有可能转换成 P 型问题.

2001 年初，IBM 研究中心的科学家们研制出了只有 5 个比特的量子计算机，并成功地用它进行顺序发现(order finding)的计算，为实现舒尔的算法迈出了第一步[41].

一个经典计算机的储存量可以用比特来衡量. 它运算的快慢可以由每秒钟能进行的比特的转换数目来决定. 量子计算机也是如此，只是构成它的最小信息单元不同于经典的比特，而是前面介绍过的量子比特.

尽管量子计算机的潜力看起来似乎很大，实现起来却困难重重. 量子比特数目的增加谈何容易！我们现在所使用的手提电脑，硬盘储存量少说也有几十亿个比特，可是，如前面所说，IBM 研究中心当时研制出了只有 5 个比特的量子计算器件，就已引起轰动.

如前几章所述，量子计算器件的潜力的来源是在于量子系统在不与环境互相作用时的不确定性. 一旦与环境相互作用，量子器件就会崩塌到一个确定的状态，计算便无法进行下去. 困难在于：如何才能将量子计算系统与其环境分开，使其既能维持它的独立运算能力，而又可接近，使人得以控制计算过程，并得到输出结果.

量子纠缠对量子计算是很关键的. 这点和经典比特之间的关系不同. 量子计算的优越性来自于量子叠加和量子纠缠：一是在计算中提供一个量子通道以传递量子比特的状态；二是方便利用量子并行运算.

要做到以上所述的环境是非常困难的. 这也就是为什么直到近十年来，才有几个实验室只实现了少数十来个量子比特的计算器件. 这些器件中有的基于核磁共振(NMR，类似于成像所用的核磁共振成像(MRI))的实验.实验时,在NMR的机器核心上,撒上一些氟化有机液体,然后,通以RF脉冲来激励液体,使其转化成高速处理器,而解决问题的算法便被编码到RF脉冲里.有的基于三维超导量子比特的计算器件.

图18.4是IBM的3量子比特的硅片.

2011年5月,量子计算机领域飞奔出了一匹黑马.加拿大的D-Wave公司公布他们造出了第一台128量子比特的"商用量子计算机"——D-Wave-One,据说还卖出了一个单价1 000万美金的天价,买主是美国的洛克希德·马丁公司.这个消息一经发布,在业内便引起轩然大波.不少量子计算机方面的专家质疑D-Wave-One能否称得上是一台真正意义上的"量子计算机".

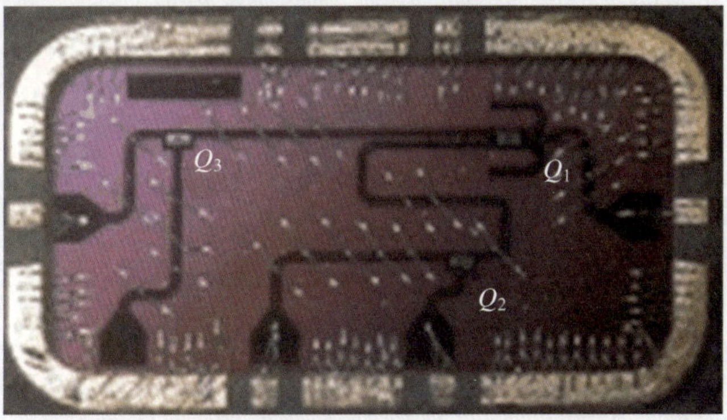

(8毫米×4毫米)

图18.4 IBM的3量子比特的硅片

D-Wave声称他们的这个超导绝热的量子计算机,使用了所谓"量子退火算法",可以比经典算法效率更高地解决离散最优化问题.不过,也只能解决这一种特殊用途的问题.因此,它当然不是一台通用意义上的量子计算机.有人认为,它顶多是费恩曼所提到过的一个只能解决某一类问题的仿真机器,至于这个仿真过程有多少量子成分,人们也不清楚.在他们的博客网页上,对"离散最优化问题"等有一些普及性的描述,有兴趣的读者可以去看一看[42].

要实现通用的量子计算,满足不同的计算要求,运行各种量子算法,实现输入、输出和保持量子相干态和纠缠态来进行可靠的运算,是极端困难的.此外,量子计算纠错的问题很难解决.专家们认为,制造出通用、可靠的量子计算机还有很长的路要走.

即使是进行实验的专家们,他们自己也很难从他们现在进行的实验来描述和想象将来量子计算机的形态.因此,科学家们不断把眼光投向新的物理领域，提出种种设想：能否不使用超导？也许用固态NMR？也许用被激光俘获后的冷却离子？也许，量子计算机根本不应该像经典计算机似的用制造芯片的人工技术制造出来，而应该与生物工程、基因研究等结合起来.的确，生物体的生长过程，证明了大自然本身已经完成了人类想人工达到目的的最困难部分.在生物体内，普通分子便已经会按照量子规律做最复杂的计算，量子计算机已经存在于自然之中，人类又何必多此一举呢.当然，科学家和工程师们总是在不停地探索物质的奥秘，发展更先进的技术，制造出更新的东西，他们是永远不会放弃的.

有关目前的经典计算机能否逐渐地模拟和接近人脑，量子计算和大脑的关系如何，仍然是颇有争议的有趣话题.著名的英国数学物理学家彭罗斯（Penrose）在他1989年《皇帝新脑》一书中[43]，从数学和歌德尔定理出发，论述了他关于基础物理学与人类意识关联的基本理论.彭罗斯等认为人类意识是一种"非算法的"（non-algorithmic）活动，因此不能使用通常的确定性的计算机（图灵机）来实现.彭罗斯还认为，量子力学的规律在人类意识中扮演着重要的角色，量子力学中的不确定性原理、波函数的坍缩、随机选择行为，都是不受算法限制的规律.这些与算法无关的随机行为，经典计算方法望尘莫及，量子物理却有可能给予解释.

虽然彭罗斯的观点尚未得到学术界大多数人的认可，但给我们提供了另一类思考：量子计算技术的发展不是一定要按照经典算法的道路亦步亦趋的.量子计算机较经典计算机而言，不仅仅是其计算速度超级快进步，还应该有可能为所谓"人工智能"的课题提供一片完全崭新的天地.

第19章　量子隐形传输

无论是量子信息、量子密码，还是量子计算等，所有想要在计算或通信中应用量子力学规律的领域，都离不开一个基本的位元：量子比特．从前面的章节我们已经了解到，量子比特是一个量子态，由于量子态的叠加性质，n 个量子比特能够表示的状态数比 n 个经典比特能表示的状态数多得多，因此，量子比特比经典比特听起来更强大、更有用．不过，我们也知道，量子态是不确定的、难以对付的．除此之外，它还有个经典比特完全没有的性质：不可克隆定理．

量子态不可克隆定理的意思是：一个未知的量子态是不可克隆的．有学者在 1982 年从量子态叠加原理的推论，证明了这个定理．在此，我们只是从不确定原理来粗浅地理解这个定理：从经典"克隆"的意义上说，要想精确地复制一个物品，首先就要得到（测量）这个物品的所有信息．然而，对一个遵循量子规律的系统（比如量子比特），我们不可能同时精确测量它的所有物理量，因为根据不确定原理，在同一时刻以相同精度测定量子的位置与动量是不可能的，我们只能精确测定两者之一．

量子不可克隆定理，是指在不知道量子状态的情况下复制单个量子是不可能的，因为要复制单个量子就只能先做测量，而测量必然改变量子的状态．我们在介绍量子比特时提到过，一个量子比特有两个自由度，由于不确定原理的限制，我们无法准确地测量这两个自由度，因此也就无法精确地克隆出这个量子比特的状态．

量子态不可克隆，这使得在通信中使用量子比特具有极大的优越性．这个优点保证了量子密码、量子通信的安全性．但是，这一特性也为它在通信上真正的应用设置了难以逾越的障碍．在我们现代社会铺天盖地的通信网中，每秒钟都在复制、传输着天文数字个比特的信息．仅拿一台 ADSL 上网的计算机来说吧，如果网速是 512 kbps，这就表示每秒钟约传输 51.2 万个比特．可是，量子比特怎么办呢？连复制都不行，如何传输呢？

量子态即使不能克隆也没关系，科学家总能想出一些窍门来传输它们！这就是近年来在这个行业内热门的话题，叫做“量子隐形传输”.

IBM 不愧是计算机行业的龙头老大，它不仅引领着传统的经典计算机的研发和制造，在量子计算机的研究方面，几十年来也独树一帜，不论在理论方面，还是在实验方面，都进行了大量的研究工作.比如上一章中提到过的科学家兰道尔，他在 1961 年对“可逆计算”的研究就与量子计算机研究有关.

“量子隐形传输”的理论设想，是由另一位 IBM 研究中心的研究员贝内特最先提出来的.在第 17 章中，我们叙述了贝内特所制定的 BB84 量子密钥分发协议.贝内特 1943 年出生于美国纽约市，既是一位物理学家，又是一位信息理论学家，是现代量子信息理论的开山鼻祖之一.

贝内特 1970 年从哈佛大学获得博士学位后，于 1972 年加入 IBM 的研究队伍.在 IBM，他做了大量有关量子信息学方面的工作.他曾经提出对麦克斯韦妖的重新解释，他与同行们合作开发了 BB84 量子密码分发协议，并建立了世界上第一个量子密码的工作演示.

1993 年，贝内特等六人团队在《物理评论快讯》上发表文章，提出“量子隐形传输”的设想.他们设想将一个未知量子态的完整信息，通过两个独立通道（经典和量子）的合作发送出去，在新的远离发送处的位置重新组合后，产生一个在发送过程中被破坏了的原始量子态的精确副本.

贝内特等人的想法如图 19.1 所示.

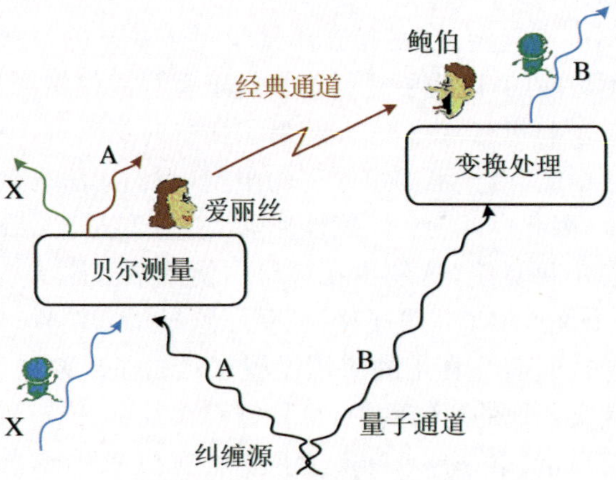

图 19.1　量子隐形传输原理图

图中左边的爱丽丝，想要把X上的量子态传给鲍伯.实验利用纠缠光子对A和B，爱丽丝拥有纠缠光子中的A，而鲍伯拥有B.纠缠光子A和B构成量子通道，电话或是互联网可作为经典通道.首先，爱丽丝对需要传送量子态的X和她手中的A作"贝尔测量".测量后，X的量子态坍塌了，A也发生变化.因为A和B互相纠缠，A的变化立即影响B也发生变化.然而，鲍伯无法察觉B的变化，直到从经典通道得到爱丽丝传来的信息.比如说，爱丽丝在电话中将测量结果告诉鲍伯.然后，鲍伯对B进行相应的变换处理.最后，B和原来的X一模一样.这个传输过程完成之后，X坍缩隐形了，X所有的信息(量子态)都传输到了B上，因而这种传输被称为"隐形传输".

读者从上面的说法中，可能会提出以下几个问题：

(1) 既然是仍要使用经典的通道，那为何还要量子通道呢？用经典通道把全部信息都传过去好了.

(2) 在爱丽丝这边的方框中，"贝尔测量"是什么意思？

(3) 在鲍伯那边的方框中，"变换处理"是什么意思？

提出第一个问题的人，一定是因为不记得"量子不可克隆定理"了！根据这个定理，我们是不可能得到X上量子态的全部信息的，所以，从经典通道就不可能传递所有信息.实际上，我们可以用经典传真的例子作比喻，就知道，要想得到经典物体的"所有信息"是很困难的.

为了说明用传真机发送传真的过程，我们将上面量子隐形传输示意图简化，得到如图19.2所示的经典的传真示意图.

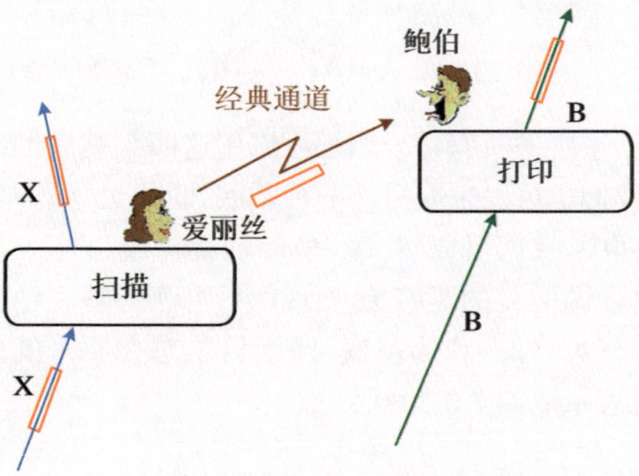

图19.2 经典的传真示意图

从图19.2看到，较之"量子隐形传输"，传真过程少了一个纠缠对构成的量子通道.在传真过程中，首先，爱丽丝将上面印有图像信息的蓝色纸 X 进行扫描，得到需要传输的图像信息. 然后，将此信息从经典通道（互联网）传给鲍伯. 鲍伯收到图像后，用另外一张纸 B（绿色）将图像打印出来. 在这种传递过程中，“图像”只是 X 的一部分信息，X 的其他信息，诸如纸张材料、颜色、大小、厚度等，并不能从扫描过程得到，也没有被传递过去. 况且，即使鲍伯知道了这些性质，造出一张表面看起来完全一样的纸来打印图像，后来的 B 也不能说是和原来的 X 一模一样.

而在量子隐形传输中，最后的 B 是和原来的 X 完全一样的. 换言之，传真时传输后所复制出来的只是纸上图像的信息，没有复制出任何“实体”本身. 量子隐形传输却有点像是：从得到实体的完整信息而复制出了“实体”本身，尽管只是一个小小的量子态！这样说，人们可能要心情激动、欢呼雀跃了：“啊！科幻电影中远距离传物的时代就要来临了！”其实远远不是这样，那种想法是一个误解. 我们这里谈论的“复制”不过只是一个量子现象，还完全不知道如何才能复制一个较大的、真正的物体. 即使是海边一颗小小的沙粒的传输复制，也还与此相距十万八千里.

下面解释一下图 19.1 中与量子通道有关的“贝尔测量”以及“变换处理”.

在解释贝尔测量之前，我们首先复习一下介绍量子比特时使用过的狄拉克符号，并且重温在第 8 章中提到过的贝尔态的定义.

对一个单光子的系统，考虑它所有的偏振态，可以表示为两个基态 $|1\rangle$ 和 $|0\rangle$ 的线性组合：$|A\rangle = a|1\rangle + b|0\rangle$. 如果是两个光子的系统，就有四个基态：

$$|11\rangle, \quad |10\rangle, \quad |01\rangle, \quad |00\rangle \tag{19.1}$$

这个两光子系统的所有量子态都可以用这四个基底的线性组合来表示. 此外，我们也可以采取另外一种基底，叫作贝尔态基底. 这就如同在三维空间中，我们可以将 xyz 坐标轴旋转成另外一套 $x'y'z'$ 坐标轴一样. 这样做的目的是将原来那套不纠缠的基底（式(19.1)）换成四个纠缠态（贝尔态）作为基底. 四个贝尔态在原来的（式(19.1)）基底下，可以表示成如下的形式：

$$|\varphi^+\rangle = |11\rangle + |00\rangle \tag{19.2}$$

$$|\varphi^-\rangle = |11\rangle - |00\rangle \tag{19.3}$$

$$|\psi^+\rangle = |10\rangle + |01\rangle \tag{19.4}$$

$$|\psi^-\rangle = |10\rangle - |01\rangle \tag{19.5}$$

既然式(19.2)～(19.5)是两粒子量子态空间的基底，那么，所有两粒子的量子态就都可以表示成这四个贝尔态的线性组合，也就是这四个贝尔态的叠加态：

$$|\text{两粒子量子态}\rangle = B_1 |\varphi^+\rangle + B_2 |\varphi^-\rangle + B_3 |\psi^+\rangle + B_4 |\psi^-\rangle \tag{19.6}$$

式(19.6)中的 B_1, B_2, B_3, B_4 为复数，它们绝对值的平方 $|B_n|^2$ 表示测量时这个两粒子量子态塌缩到相应的贝尔态的概率. 因此，所谓的爱丽丝对两个光子做“贝尔测量”的意思，就是探测这个两粒子系统到底坍缩到哪一个贝尔态.

一个光子的水平或垂直偏振态可以用检极器(analyzer)或极化分光器(polarized beam splitter)来分析，如果测量的结果是水平极化，则测量后此光子原先的状态即崩溃而变成水平态，对两个光子的系统，我们也可以测量每个光子的水平或垂直偏振态；如果测量的结果是第一个光子是水平态，第二个光子是垂直态，则测量后此系统的原先状态便崩溃成 $|10\rangle$ 态，但我们不一定要测量光子的水平或垂直偏振态，也可以直接设法去测量两光子的贝尔态，则测量后此两光子系统便处在所测量到的贝尔态上，这就是所谓的贝尔态测量.

在实验室里，用于两光子贝尔态测量的主要设备是 50∶50 分光器. 当一个光子经过分光器后，可能继续前进(透射)，也可能被反射. 光子走任何一条道路的概率都是 50%. 这种分光器输出的各种情形如图 19.3 所示.

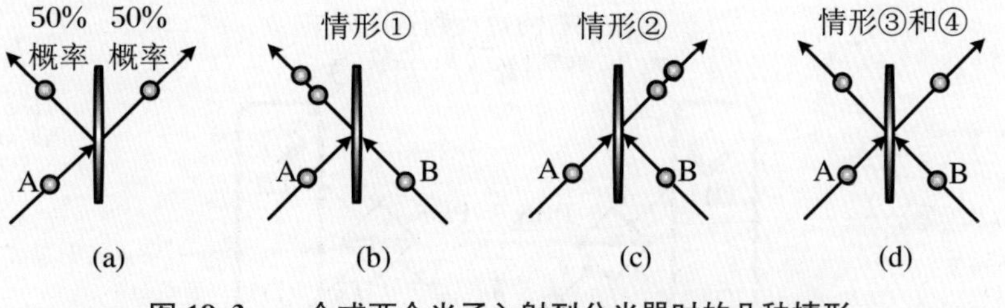

图 19.3　一个或两个光子入射到分光器时的几种情形

图 19.3(a)表示：一个光子 A 入射到分光器，或者反射，或者透射，概率各为 50%.

现在考虑两个光子 A 和 B，分别从左、右两边入射到分光器. 当两光子同时抵达分光器时，两光子的波包相互重叠，因而产生干涉效应. 它们经过分光器后有四种情形：①A 反射，B 透射；②A 透射，B 反射；③A 反射，B 反射；④A 透射，B 透射. 在情形①中，两个输出光子同时射向左边，如图 19.3(b)所示. 在情形②中，两个光子同时射向右边，如图 19.3(c)所示. 但是，我们无法区别情形③和情形④，因为光子是不可区分的. 我们不知道，从分光器射出的光子哪个来自 A，哪个来自 B. 所以，在③和④这两种情形中，都是一个光子向左，一个光子向右，如图 19.3(d)所示.

在此，还必须说明一点：仅仅利用线性光学器件，不可能在实验中区分四个贝尔态. 理论上已经证明，最多只可能区别四个贝尔态中的三个. 所以，也就是说，如果只用线性元件，我们就只能作“不完全的贝尔测量”. 在上面的式(19.2)～(19.5)所表示的四个贝尔态中，$|\psi^-\rangle = |10\rangle - |01\rangle$是一个反对称的单态，另外的$|\varphi^+\rangle$，$|\varphi^-\rangle$和$|\psi^+\rangle$则构成对称的三态. 利用刚才所介绍的半透半反分光器，可以将贝尔单态$|\psi^-\rangle$与其他贝尔态分开来.

如图 19.4 所示，在光子离开分光器(BS)出来的两个路径上各放置一个偏振分光器(PBS). 光子经过 PBS 后，按概率分成垂直偏振和水平偏振两条路. 左、右两边的光子的两种可能性分别由侦测器 D1，D3 和 D2，D4 探测. 我们仅仅当左、右两边检测器同时侦测到光子时，才做记录，这就是所谓的同时符合测量 (coincidence measurement). 这样的设置意味着必须有一个光子，从每一个路径出来，所以只有两个可能：两个光子经过分光器时都继续前进或同时被反射，因为这两种情形是无法区分的，所以出来后的两光子态是这两种情形的状态的线性叠加，其振幅大小相同而符号相反. 因此，在符合测量设置下，只有贝尔单态$|\psi^-\rangle$是容许的. 这时，我们测量到了贝尔单态，而原来两光子的状态也崩溃成贝尔单态.

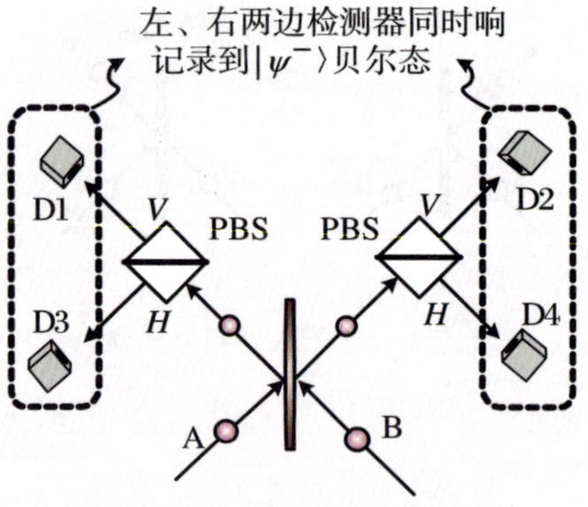

图 19.4　不完全贝尔测量

1997 年，泽林格所领导的奥地利国际研究小组第一次在实验中实现了量子隐形传输[44]. 2004 年，这个小组又利用多瑙河底的光纤信道，成功地将量子态隐形传输距离提高到 600 米. 之后，中国科学技术大学-清华大学联合小组在北京八达岭与河北怀来之间，架设长达 16 千米的自由空间量子信道，并取得了一系列关键技术突破，最终在 2009 年成功地实现了世界上迄今为止最远距离的量子态隐形传输[46].

量子隐形传态实验过程的简化原理图如图 19.5 所示.

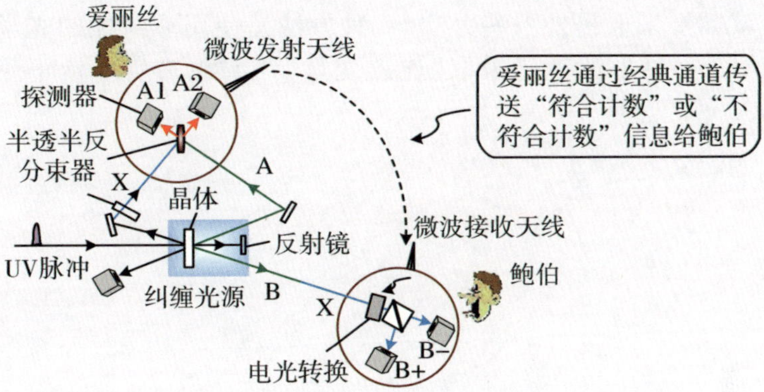

图 19.5　量子隐形传态实验过程

图 19.5 中，中心是纠缠光源. 光源发出的孪生光子 A 和 B 分别传送给爱丽丝和鲍伯. 爱丽丝处有半透半反分光器等，对 A 以及准备隐形传态的光子 X，作刚才我们所描述的"同时符合"贝尔测量，将测量的结果"符合"或"不符合"，通过经典通道，如微波天线，发射给远在另一端（多瑙河对岸）的鲍伯. 然后，鲍伯便需要对他所拥有的 B，或者说，是从多瑙河底的光纤信道（量子通道）传过来的光子，做一些我们上一章中提到过的"变换处理".

与爱丽丝的"贝尔测量"相比，鲍伯的"变换处理"操作要简单多了，因为实际上，在爱丽丝用 X 和 A 完成贝尔测量的那一刹那，X，A，B 三粒子之间已经完成了"纠缠转移"：原来不纠缠的 X 和 A 纠缠起来，光子 X 原来量子态的大部分信息已经转移到 B. 比如在爱丽丝做的"同时符合"贝尔测量情况下，鲍伯只需要根据从微波天线接收到的信息，对光纤信道传来的光子做点小变换：如果微波信息是"符合"，什么也不做；如果微波信息是"不符合"，则将传来的光子的偏振方向变成与原方向垂直. 上面所说的目的，用得到的微波信息连到一个电光转换开关，再控制偏振器，即可达到. 这就像在图 19.5 中鲍伯的圆圈中所显示的那样.

到此为止，原来的光子 X 的所有信息都转移到了鲍伯所拥有的光子 B 上. 而实际上，爱丽丝和鲍伯自始至终都对 X 上的这些信息一无所知，他们唯一所知道的是：最后，X 和 A 成为纠缠单态，鲍伯的粒子有了原来 X 的所有性质，隐形传态完成了.

在量子隐形传态的实验中，调节每个光子之间的时间差，做到两个光子必须“同时”到达测量仪器，对隐形传态的成功至关重要.

“贝尔测量”也是影响传态保真度的重要因素，因为利用线性光学元件，不能完全区分四个贝尔态.因此，要实现完全的贝尔测量，就需要采取另外一些办法.一种方法是使用非线性的光学器件；另外一种方法就是采取“连续变量”纠缠源来实现量子隐形传态.

第 20 章　连续变量也纠缠

读者读到现在，对我们描述的世纪幽灵已经有了初步的认识：量子力学是幽灵，量子纠缠是幽灵中的幽灵.听起来，它们似乎是会玩“变脸术”的双面妖女.这个双面妖女在被抓住之前，不确定她的两个面相.你看：既是 0，又是 1；既穿过这条缝，又穿过那条缝；既从这里来，又从那里来；从两条路来，两种自旋，两个不同方向的偏振，既此又彼，既正又反等说法，都和“2”有关系.

其实，这里稍微有一点点误解.并非这个量子幽灵对“2”情有独钟，而是因为我们在解释量子现象的时候，挑选了一种比较简单、比较容易理解的叙述方式.前面我们也曾经提过，爱因斯坦等三人在他们的 EPR 原文中，描述量子纠缠态时所用的方法是很复杂的.这种用自旋或偏振态来描述量子纠缠的方法，最早来自于博姆的贡献.即使用自旋或偏振态来描述量子现象，状态数也并不仅仅限制于“2”.比如，我们知道，电子的自旋只有两种状态，但别的粒子的自旋却可能有多于两种的状态.无论如何，自旋或偏振的状态总是分离的、可数的.这种基于以单光子偏振态为代表的实验方法，被称为“离散变量”的方法.

像爱因斯坦 EPR 原文中所使用的那种方法，便叫做“连续变量”的方法.取什么物理量作为“连续变量”呢？对物理学中的粒子来说，最常用的、连续变化的物理量就是位置和速度（或动量）.爱因斯坦等人当初用的就是这两个变量.其实，对我们大多数非物理专业的读者来说，位置和动量这两个名词，听起来也感觉比什么“自旋”“偏振”之类的东西要亲切得多.在牛顿力学中，反复计算来计算去的不就是粒子（或物体）的位置和动量吗？唉，博姆何苦要绕一个大圈呢？就用位置和动量好了，“连续变量”和“离散变量”的区别，不就是实数和整数的区别吗？

完全正确！因此，本章中我们就简单介绍一下“连续变量”的纠缠态.

使用“连续变量”来解释量子纠缠的困难在哪儿呢？这主要在

于，描述一个粒子的“量子态”，与描述一个粒子的“经典状态”有着本质的不同.经典的牛顿力学中，如果一个粒子做一维运动，它某个时刻的位置是一维空间中的一个点，也就是一个固定的实数.而在量子力学中，是用波函数来描述粒子的状态的，每个位置点都分别对应一个不同的波函数.也就是说，在表示波函数的空间中，即希尔伯特空间中，每个位置点不再是一个点，而成为希尔伯特空间中的一个“维”！这样的话，原来经典力学一维空间中的无穷多个实数，在量子力学的希尔伯特空间里，就成为了无穷多的“维”.

我们熟悉的是三“维”的空间，如果再加上第四个时间“维”，也还勉强能想象成无限多个三维空间随着时间轴排列的图景.可现在，要我们来想象一个由无穷多个连续变化的坐标轴构成的空间，就困难了.然后，还要加上无穷多个动量“维”，还要在如此抽象的图景下解释量子纠缠，就更不容易了.

这就是我们喜欢使用光子偏振的图景的原因.经典偏振光只有两个状态，即使到了量子力学的世界里，也只不过将这两个状态扩展成两个“维”，而构成一个二维的希尔伯特空间而已.那样，解释起来就要直观多了.

解释归解释，实验归实验.基于以单光子偏振态为代表的“离散变量”的实验方法已经有实际应用，有优越性，也有缺点.因此，在用离散变量的方法来产生纠缠源，进行各种量子信息、量子计算、量子隐形传输研究的同时，全世界范围内也有不少实验室研究“连续变量”的量子信息技术.

可喜的是，在对量子信息的研究和实验方面，无论是离散变量，还是连续变量，中国的学者们都走在了国际科研的前沿.除了之前谈到过的、使用离散变量方法的中国科学技术大学-清华大学团队之外，山西大学光电研究所在连续变量量子信息方面做了很多突出的工作[48]，他们的实验室不仅在国内连续变量领域独树一帜，在世界范围内也可算是这方面几个有代表性的实验室之一.

有关描述量子态的物理量，我们再做一点小补充，或可以算是总结.不知读者是否注意到，无论是用离散变量还是连续变量，每一种描述方法涉及的总是“一对”变量.比如说，电子的左旋和右旋，还是一对离散变量；光子的水平偏振和垂直偏振，也是一对离散变量；位置和动量，是一对连续变量.这样的“一对”变量，它们之间是存在某种联系的，这种联系在量子力学中的最基本表现就是：它们遵循不确定原理.我们把这样的一对变量叫做“共轭变量”.

爱因斯坦等在EPR原文中，是使用位置和动量这一对非对易的共轭连续变量来描述光子的纠缠行为的.不过,目前进行连续变量量子纠缠研究的实验中,使用的是另外两个连续变量.我们都知道,在经典理论中,光是一种电磁波,电磁波可看作以某种频率传播的变化的电场(或磁场),这个电场可用振幅和位相来描述.于是,在连续变量量子纠缠研究中,科学家便使用这两个变量的量子对应物:光场的"正交振幅"和"正交位相"分量,来描述量子态和进行实验研究.与位置和动量类似,"正交振幅"和"正交位相"遵循不确定原理,是一对非对易的共轭物理量,它们对应于连续而又无穷维的希尔伯特空间(图 20.1).

(a) 离散变量　　(b) 连续又无限的变化

图 20.1　量子幽灵

现在,我们的"连续变量"量子纠缠幽灵不仅仅会玩"变脸术",而且玩的是连续而无穷变换的脸孔.不仅如此,可以说妖女的全身上下无限多处都在不停地变换,让我们眼花缭乱、目不暇接.

1993 年,美国加州理工学院由金博(J. Kimble)[50]领导的光学研究团队首次从实验中获得了连续变量纠缠态光场,真实显示了正交振幅和正交位相间的非局域量子关联.1998 年,他们又使用连续变量纠缠态,第一次成功地实现了完全的量子隐形传输.

山西大学光电研究所的科学家们也在实验室中形象地证明了这种连续变量纠缠光束的非局域量子关联.图 20.2 是他们得到的量子关联测量结果.他们在空间分离的两个地方,分别用不同的探测器探测了两个纠缠光束的正交振幅和正交位相的量子起伏,然后放到双线示波器上显示.从图中可见,两束光的时阈量子非局域关联与反关联清晰可见.他们还曾经利用这种连续变量纠缠源,设计和实验了连续变量量子保密通信,并证明了它在长距离传输中的安全性.[48]

总而言之,连续变量和离散变量的两种方式,用于量子信息研

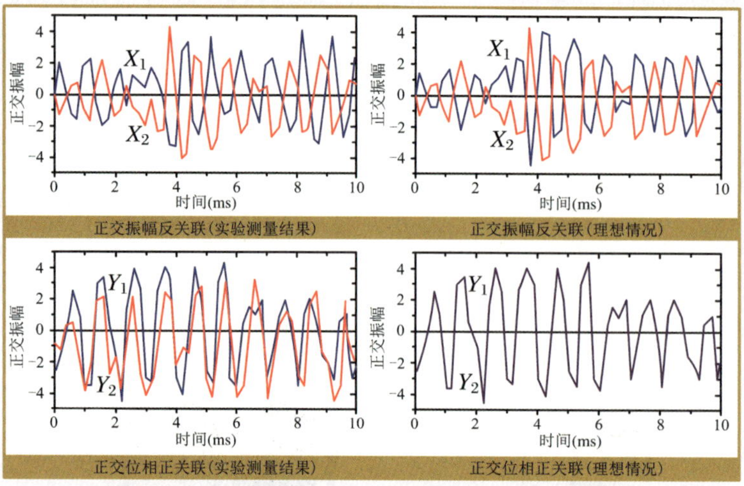

图 20.2　连续变量量子关联

左边的图是实验测量结果,右边的图是量子理论预言的理想情况

究各有优点与不足.离散变量的方式容易理解,但在实际应用中有更多的不确定性.比如,在离散变量单光子实验中,我们经常说到爱丽丝和鲍伯分别拥有一对纠缠粒子中的一个,这点在实际的实验中并不是那么理想.当爱丽丝和鲍伯在远距离接受纠缠光源产生的光子对时,不见得任何时候他们都能接收到一对光子,即便他们接收到了一对光子,也不一定就是一对纠缠光子,只能说有一定的概率接收到一对纠缠光子而已.这些在应用中都需要认真考虑.正如金博在《科学》上发表的文章中所说的[50],泽林格等完成的离散变量的隐形传输是有条件的、概率性的,条件就在于纠缠光子的有效产生和接收.而连续变量光子纠缠态的产生和探测却都是决定性的,因此可以用于完成无条件的量子信息传输.也就是说,离散变量的方式条件在于少数的成功事件,但一旦成功,它就是完美的.连续变量纠缠虽是无条件的,但代价是永远不可能达到完美的,再加之纠缠度将被传输信道的噪声降低,连续变量的远距离传输有较大难度.比如,对量子隐形传态来说,用连续变量方法,可以做到完全的贝尔测量,理想情况下的贝尔态探测效率可达 100%.

从物理实质上看,离散变量实验中所使用的物理系统经常是一个一个的单光子,而在连续变量实验中以由大量光子组成的光学模为基本单元,即使强度为微瓦量级的光学模中也包含几十万甚至几百万个光子,因此离散变量方式中,由单光子的探测导致的离散性不明显.而在连续变量方式对电磁场模的探测中,是由光电探测器把探测到的大量光子变换为大量电子,形成光电流,便于观测.

2004 年,中国科学院院士彭堃墀(图 20.3)领导的山西大学光电研究所研究团队最早实现了连续变量纠缠态的量子隐形传输.

图 20.3　彭堃墀(几十年如一日,带领山西大学光电研究所团队做连续变量纠缠研究)

有人认为,对于量子通信将来的实用化,采用连续变量是个趋势.也有人认为,既然离散变量和连续变量纠缠各有优点与不足,也许就能将两种量子资源结合起来,发展混合型的量子信息技术.[51]

第 21 章　世纪幽灵的面纱

时至今日，量子力学这个幽灵已经 120 岁了，距离爱因斯坦、波多尔斯基和罗森提出 EPR 佯谬也已经 85 年了. 一个世纪匆匆而过，研究幽灵的物理学家们也已经换了一代又一代. 人生易老，幽灵难老. 也许，在 84 年之前，爱因斯坦等人大惊小怪于量子纠缠的远距离感应作用时，量子理论尚不完整，但现在，过了半个世纪之后，量子理论看来已经以某种方式逐渐趋于“完整”了.

无论对幽灵的怪异行为作何解释，但学界公认的是：这个世纪幽灵的确存在，而且，它还越来越活跃，越来越造福人类.

众多的实验物理学家们使用了各种实验方法，大量实验结果确认了量子理论的预测，一次又一次地排除了爱因斯坦试图坚持的全方位局域实在论. 越来越多的物理学家不得不承认这样一个简单事实：任何试图用实在局限的理论来解释量子现象的努力，都注定会失败.

也许，我们没有其他出路，只有彻底改变我们对现实的认知观，放弃我们那些来自于经典理论的、看起来自然而然，实质上却是天真而幼稚的简单推论，接受这个量子幽灵的种种诡异行为，这样才能更有效地利用它.

不过，相信在一段不短的时间内，对量子理论意义的探讨仍然会继续下去. 也正是因为现在已有越来越多的人充分意识到，量子力学在每场纷争中的良好表现，提供了越来越多的证据，威胁着企图继续用经典概念来理解量子实在的人们. 因此，越来越多的物理学家把疑问对准了量子理论的基础.

这些形形色色的不同理解和不同诠释，像是给我们的世纪幽灵披上了各种不同的面纱（图 21.1），哪一种面纱最适合幽灵诡异而美丽的容颜呢？

“哥本哈根诠释”主要由玻尔和海森伯建立在互补原理、不确定原理、波函数坍缩等基础上. 曾经为大多数人所接受，长时间被捧为“正统诠释”，也是本书所采用的基本观点. [52] 然而，事实上，哥本哈根诠释还有很多种版本，即使是在玻尔的时代，哥本哈根学派鼎盛的年代，量子力学的几个哥本哈根学派“大亨”也并没有在对所有诡异的量子现象的解释上达成共识．比如，有一次，玻尔对海森伯的某个诠释就不赞同，因而试着与其保持距离，以避免进一步的争执．

图 21.1　瞎子摸象式的各种诠释

“多世界诠释”（many-worlds interpretation，MWI），1957 年由普林斯顿大学休・埃弗雷特三世（H. Everett Ⅲ）提出．当时的埃弗雷特正在约翰・惠勒的指导下做博士论文，论文中提出这个异想天开的想法：认为测量带来的不是波函数坍缩，而是分裂成无限多个平行宇宙．每个宇宙都有一个确定的状态，而我们只是在其中的一个特定宇宙．从表面上看，多世界诠释的优点是：薛定谔方程始终成立，波函数不坍缩，简化了基本理论．但这带来了不停地分裂成无限多个平行宇宙的奇怪结论[53]．多世界诠释中的薛定谔的猫如图 21.2 所示．

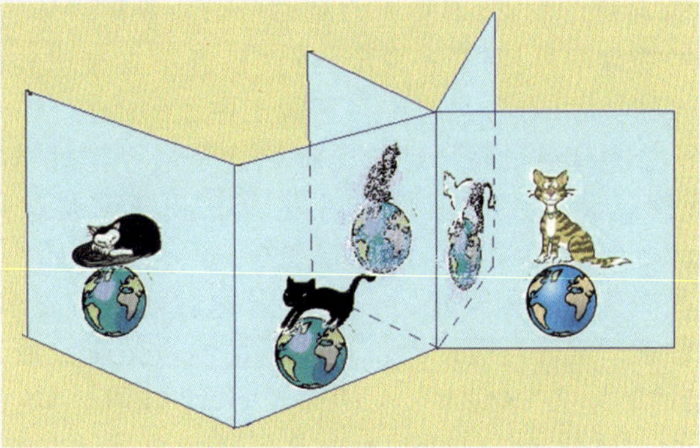

图 21.2　多世界诠释中的薛定谔的猫

这个理论刚出现的时候，受到学术界的冷落和嘲笑，却得到指导教授约翰·惠勒的支持.不过，惠勒认为埃弗雷特所用的宇宙“分裂”这个词不太好，容易造成人们的误解，建议换一个术语.不过，这最终也未能挽救这个“奇谈怪论”当时被忽略的命运，以至于埃弗雷特在获得博士学位后，就离开了物理学界，进入美国五角大楼工作，一直在金融界、计算机界发展.

笔者在得克萨斯大学奥斯汀分校相对论中心读博时，曾听著名的理论物理学家布莱斯·德维特多次提到他第一次听见多世界理论时的震撼感觉.几十年前，德维特把埃弗雷特提出的世界“分裂”解释成源于作者的精神分裂.可没想到，几十年后，布莱斯·德维特自己成为了这个理论最积极的鼓吹者.

上帝有他公平的一面，埃弗雷特去世多年后被《科学美国人》(*Scientific American*)誉为“20 世纪最重要的科学家之一”.

“系综诠释”(ensemble interpretation)，包括布洛欣采夫的系综解释和波普尔的倾向性解释.多数人认为它与哥本哈根诠释基本一致，但是它只承认量子力学的统计层面解释，认为量子力学不能描述单个粒子自身的态，而只能描述一个统计系综的状态.[54]

“隐变量诠释”，博姆的隐函数理论值得探索，因为它似乎将使世界恢复好的秩序.但是贝尔定理、GHZ 定理等排除了局域隐变量的存在.非局域隐变量是否能存在，还是个未知数.[55]

“交易诠释”(transactional interpretation of quantum mechanics，TIQM)，由克拉默(Cramer)于 1986 年提出.将量子交互作用描述为驻波，驻波是由延迟波(retarded wave)(顺着时间行进)以及超前波(advanced wave)(逆着时间行进)两种波所构成的，据说可解决极个别的诠释无法解释的量子悖论.[56]

“量子退相干诠释”，很早被博姆提出，但直到 20 世纪 80 年代才被美国洛斯阿拉莫斯国家实验室的物理学家楚雷克(W. H. Zurek)完善和建立起来，引起人们越来越多的重视.[57]

中国的物理学界，对量子现象，特别是近年来量子纠缠在量子通信等领域的技术应用，也有许多不同于主流的声音.[58]

找到一个更优越的量子理论诠释始终是最令物理学家们期待的事情，或许这将是量子理论今后发展中最具重大意义的理论问题.

这使我们想起爱因斯坦另一段著名的话：“上帝行事很诡异，但他并无恶意.”也许这可以看作爱因斯坦给世纪幽灵所下的最后评语.这句话的原文“Raffiniert ist der Herr Gott. Aber Boshaft ist Er Nicht.”被刻在普林斯顿大学凡恩楼大堂的火炉壁上，以纪念这位 20 世纪的物理伟人.

第 22 章　破解“薛定谔的猫”

本书的讨论从薛定谔的猫开始，现在，也以薛定谔的猫结束.

有关薛定谔的猫佯谬的讨论，其实围绕着一个中心议题，那就是如何消除量子物理与经典物理的鸿沟而将两者联系起来.在这个佯谬中，放射性物质的衰变是一个微观世界的量子现象，而“猫”却是一个存在于现实生活中的宏观生命.宏观世界中的猫不可能既死又活，为何到了微观世界中，量子态就可以既是 A，又是 B 呢？它们之间是怎样联系起来的？如何将奇妙的量子现象与我们常见的经典规律衔接起来？物理学家们为解决这些量子理论的基本问题努力奋斗了几十年.2012 年的诺贝尔物理学奖颁发给了法国的阿罗什(S. Haroche)和美国的维因兰德(D. J. Wineland)，他们的研究便与此有关.

用我们常见的经典规律很难理解量子现象.比如说薛定谔的猫，又比如说杨氏双狭缝实验.一个电子怎么可能同时穿过两条缝呢？有人便提出，量子力学只能用于大量粒子的统计规律，不能用来解释“单个电子”的行为.持这种观点的人说：在杨氏电子实验中，一定是“有些电子走这条缝，有些电子走那条缝”，不可能是“一个电子走两条缝”的！为了解释诸如此类的迷惑，实验物理学家们一直都致力于研究如何囚禁与操控单个量子的方法和技术.有了这种技术后，便能进行单个，或者少量量子之间的实验，从而研究它们的相互作用.

法国的阿罗什做的是：用谐振腔来囚禁、操控“单个光子”，再用原子与囚禁的光子作用(图 22.1).而美国的维因兰德做的则相反：用离子阱来囚禁、操控“单个原子”，再用激光与囚禁离子相互作用(图 22.2).这两种方法殊途同归，都无可辩驳地再一次证明了量子理论的正确性.

下面具体解读一下阿罗什的工作，也许能使我们减少一点因“薛定谔的猫佯谬”而引起的困惑.

阿罗什团队工作的重要性在于两个方面：一是囚禁单个光子

的技术；二是实验观察到量子退相干效应.

因禁几个光子，甚至单个光子，是爱因斯坦等科学家的梦想.读者可能还记得我们介绍过的“玻爱之争”.在争论中，爱因斯坦曾经提出过一个“光子盒”的思想实验，企图难倒玻尔.当时的物理学家们都认为这是一个不可能实现的实验，“囚禁单个光子”，谈何容易啊，光子快速运动，转瞬即逝，它要么被吸收，要么逃往天边，不见踪影，谁能捕捉到它呢？

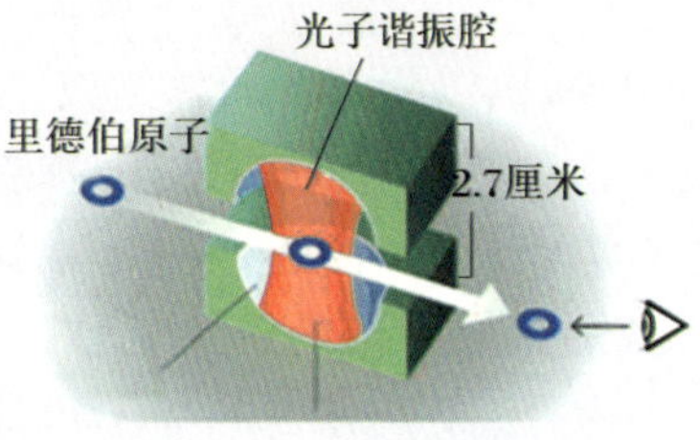

图 22.1　阿罗什实验示意图

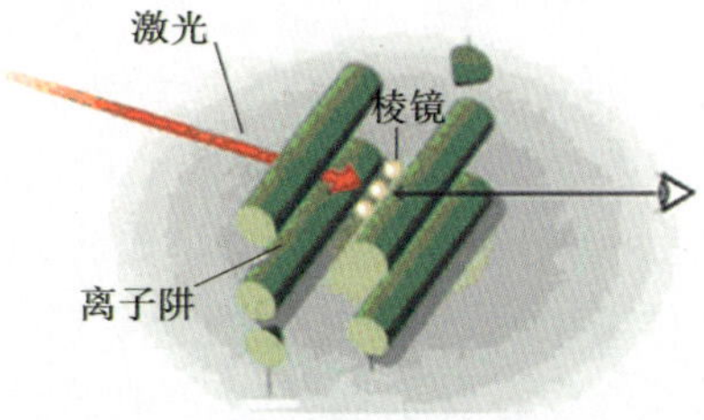

图 22.2　维因兰德实验示意图

然而，阿罗什做到了！他用“量子非破坏测量”的方法，实现了爱因斯坦的光子盒梦想.阿罗什用两面非常好的反射镜，在零下272摄氏度的环境下，组成了一个高 Q 值的微波谐振腔，使得一个微波光子在谐振腔内生存寿命达0.13秒！你可能觉得这个时间很短，但是对光子来说，已经活得够长了！它已经在腔内跑了7亿多个来回，行程相当于绕地球一圈.这种光子过着与其他光子不同的“囚徒”生涯，在被囚禁的“斗室”里来回撞去，还好，光子没被碰得晕头转向，仍然能担负阿罗什给它的重任：探索量子退相干效应.

什么是量子退相干呢？我们在前面章节中经常提到“波函数坍缩”一词，玻尔一派以此来解释测量手段如何影响量子行为.波函数坍缩的问题也与从量子规律过渡到经典规律有关，因为量子现象最神秘之处就是它的叠加态，也就是相干态.而测量造成波函数塌缩到量子系统的本征态之一，系统就不再处于叠加(相干)态了.但是，波函数为什么会坍缩？波函数是怎样坍缩的？玻尔并未给出进一步的描述.

原则上来说，世界归根结底是由许许多多的粒子构成的，这些粒子的运动符合量子规律，但为什么由它们组成的宏观物体就不符合量子规律了呢？应该如何用量子理论来解释经典世界？20世纪80年代之后，理论物理学家们深入研究这些问题.因此又有了多种设想，“量子退相干”是其中之一[59].

量子退相干就是说，一个量子系统状态之间的相互干涉性质会随着时间的推移而逐步丧失.这种"退去相干性"的变化可能是因为测量,也可能是因为系统与环境的交互作用,也可能是因为与环境形成了"纠缠"的结果,当然,也可能还有其他未知的原因.换言之,薛定谔佯谬中"既死又活"的猫态将随着时间推移很快地分离为两个不相干的独立状态.因而,宏观世界的猫将不会"既死又活",而是只能"或死或活".量子退相干的速度到底多快呢?我们从阿罗什的实验结果可以感受到.

阿罗什花了整整20年的努力,使光子在谐振腔里存活的寿命从1996年的0.001秒提高到0.13秒.这个数值看起来不大,却足够用来观察光子系统的退相干效应.

有了囚禁光子的"牢笼"后,阿罗什将一种里德伯原子射入牢笼里,与微波光子相互作用.这种里德伯原子呈面包圈圆环状,最外层的电子量子数很高,像有个特别大的圆圈轨道,堪称原子中的巨人.它们像是在玩乒乓球的小狗(图22.3),排着队一个一个地通过光子谐振腔,不停地用嘴接着光子乒乓球,吃进去,吐出来,又吃进去,又吐出来,光子并不离开谐振腔.但是,光子和原子相互作用,使得原子带走了光子量子态的部分信息,原子也在光子上留下了自己的足迹.然后,实验者根据这一列里德伯原子带出来的蛛丝马迹,就能够间接地探测到谐振腔中光量子态的情况,从而观察到光量子态从叠加态"坍缩"到一个非叠加态的情形,也就是系统退相干的过程[60].

图22.3 "在玩乒乓球的小狗"

如图22.4所示,开始时,实验中的系统处于光子数不确定的叠加态,光子数可以为从0到7之间的任何一个.后来,随着探测原子数的增加(时间的推移),量子态坍缩到一个光子数目固定的状态.图22.4(a)中,最后的光子数是5;图22.4(b)中,最后的光子数是7.

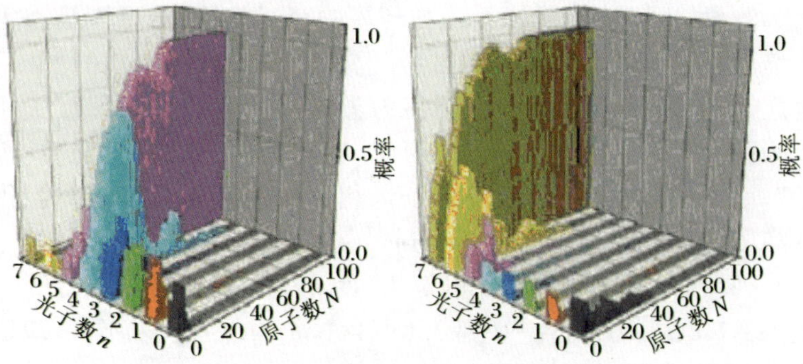

图 22.4　渐近式的量子坍缩实验

随着探测原子数的逐渐增加，量子叠加态缓慢地坍缩到确定的态

附录 A 狄拉克方程

薛定谔方程和克莱因-戈登方程都是偏微分方程.在第 1 章中我们曾经提到过,薛定谔方程被刻在他的雕像上:

$$\mathrm{i}\hbar\dot{\psi} = H\psi$$

上面方程的左边是用 ψ 对时间的偏导数来表示的能量算符,右边的 H 也是能量算符.我们将 H 用能量和动量之间的关系表示出来,写成详细一点儿的微分方程形式,则为

$$-\frac{\hbar^2}{2m}\frac{\partial^2}{\partial x^2}\psi(x,t) + V(x)\psi(x,t) = \mathrm{i}\hbar\frac{\partial}{\partial t}\psi(x,t) \quad (\mathrm{A.1})$$

因此,上述方程虽然看起来复杂,理解起来却简单:不过是对应于经典力学中,高中物理课中就学过的能量 E 和动量 P 的关系式:

$$\frac{P^2}{2m} + V = E \quad (\mathrm{A.2})$$

式(A.2)中的第一项 $P^2/(2m)$ 是粒子的动能,第二项 V 是粒子的势能,E 则为总能量.到了量子力学中,P 和 E 都被它们的微分算符所代替,便得到了薛定谔方程(A.1).

瑞典物理学家克莱因和德国物理学家戈登,分别独立地沿着同样的思路向相对论的方向前进.因此,他们使用了相对论粒子应该满足的能量-动量关系式:

$$P^2c^2 + m^2c^4 = E^2 \quad (\mathrm{A.3})$$

来代替式(A.2).然后,同样地将 E 和 P 换成量子力学中的微分算符,便得到了克莱因-戈登方程:

$$\frac{1}{c^2}\frac{\partial^2}{\partial t^2}\psi - \nabla^2\psi + \frac{m^2c^2}{\hbar^2}\psi = 0 \quad (\mathrm{A.4})$$

不过,当时的克莱因-戈登方程虽然用了狭义相对论的公式,使用

起来却似乎还不如非相对论的薛定谔方程. 薛定谔方程精确而成功地解释了原子物理中的许多实验，克莱因-戈登方程的结果却差强人意，此外还带给人们所谓负数概率的困惑.

这是为什么呢? 恐怕只有狄拉克的脑海中才成天纠结着这个问题. 从两个方程的形式上来看，薛定谔方程是对时间的一阶微分方程，而克莱因-戈登方程，因为有个 E^2 项，所以是对时间的二阶微分方程. 狄拉克敏锐地感觉到：这就是问题的症结所在.

如何得出一个既满足相对论的条件，又是一个对时间为一阶的微分方程呢? 喜欢玩数学的狄拉克立刻就想到：把能量动量关系式(A.3)的两边来一个开方运算：

$$\sqrt{P^2c^2 + m^2c^4} = E \tag{A.5}$$

这样一来，右边变成了 E 的一次项，能够得到对时间的一阶微分了. 但是，左边的平方根该如何处理才能构成一个微分方程呢? 当然，对这种一眼看去开不出来的平方根式，物理学家们经常使用一个拿手诀窍，就是把它按照泰勒级数展开. 可那样的话，得到了无穷多项，拖泥带水一大串，还谈得上"数学美"吗?

仔细观察根号内的表达式，它可以写成 a^2+b^2 的形式，这里 $a=Pc$，$b=mc^2$. 假设这个表达式是一个完全平方，就应该有

$$a^2 + b^2 = (aA + bB)^2 \tag{A.6}$$

如果这里的 A 和 B 是普通的数的话，好像无法找出这样的数来. 但是，狄拉克脑瓜一转，我不是刚从海森伯的矩阵创造出了一种不对易的"q 数"吗，能否找到将上式配成完全平方的两个 q 数 A 和 B 呢? 试试看：

$$a^2 + b^2 = a^2A^2 + b^2B^2 + ab(AB + BA) \tag{A.7}$$

啊，现在目标很清楚了，就是要找到两个这样的 q 数 A 和 B(包括矩阵)，它们满足：

$$\begin{aligned} A^2 &= 1 \\ B^2 &= 1 \\ AB + BA &= 0 \end{aligned} \tag{A.8}$$

而式(A.5)则可写成

$$aA + bB = E \tag{A.9}$$

因为 $a=Pc$，$b=mc^2$，这里 c 是光速，我们可以令其为 1，即 $c=1$，代

入式(A.9)得

$$PA + mB = E \tag{A.10}$$

这里的 P 是动量,m 是质量,因为动量是三维空间的一个矢量,应该有三个分量 P_x, P_y, P_z,因此,A 也应该有三个,分别记为 α_1, α_2, α_3, B 则改成 β,然后,式(A.10)成为

$$P_x\alpha_1 + P_y\alpha_2 + P_z\alpha_3 + m\beta = E \tag{A.11}$$

式(A.8)也可作相应的改变.

狄拉克冥思苦想,经过一年多孜孜不倦的努力,最后,他把满足泡利电子自旋理论的 2×2 矩阵变为 4×4 矩阵,从而闯过了难关,找到了满足条件的 $\alpha_1, \alpha_2, \alpha_3$ 和 β,并且得到了著名的狄拉克方程:

$$(c\alpha \cdot \hat{p} + \beta mc^2)\psi = \mathrm{i}\hbar\frac{\partial\psi}{\partial t} \tag{A.12}$$

这里

$$\beta = \begin{pmatrix} 0 & 0 & 1 & 0 \\ 0 & 0 & 0 & 1 \\ 1 & 0 & 0 & 0 \\ 0 & 1 & 0 & 0 \end{pmatrix}, \quad \alpha_1 = \begin{pmatrix} 0 & -1 & 0 & 0 \\ -1 & 0 & 0 & 0 \\ 0 & 0 & 0 & 1 \\ 0 & 0 & 1 & 0 \end{pmatrix}$$

$$\alpha_2 = \begin{pmatrix} 0 & \mathrm{i} & 0 & 0 \\ -\mathrm{i} & 0 & 0 & 0 \\ 0 & 0 & 0 & -\mathrm{i} \\ 0 & 0 & \mathrm{i} & 0 \end{pmatrix}, \quad \alpha_3 = \begin{pmatrix} -1 & 0 & 0 & 0 \\ 0 & 1 & 0 & 0 \\ 0 & 0 & 1 & 0 \\ 0 & 0 & 0 & -1 \end{pmatrix} \tag{A.13}$$

它们满足

$$\begin{aligned} &\alpha_i^2 = \beta^2 = I_4 \\ &[\alpha_i, \alpha_j]_+ = 0 \\ &[\alpha_i, \beta]_+ = 0 \end{aligned} \tag{A.14}$$

I_4 是 4×4 单位矩阵.

附录 B　希尔伯特空间和狄拉克符号

狄拉克符号(Dirac notation)是量子力学中广泛应用于描述量子态的一套标准符号系统.在这套系统中,每一个量子态都被描述为希尔伯特空间中的矢量,定义为右矢.

希尔伯特空间是我们所熟悉的欧几里得空间的推广,将有限维的欧几里得空间推广到无限维,并且建立在复数的基础上,就成了量子力学中描述波函数所用的希尔伯特空间.这里所谓的“无限维”,可以是分离的无限维,也可以是连续的无限维.当然,量子力学中并不是所有时候都需要无穷维的希尔伯特空间,比如说描述一个粒子的自旋态,就只需要二维的复数希尔伯特空间.

如图 10.1(a)所示,在二维空间的平面坐标系中,平面上的任意一个二维矢量都可以表示成两个基矢量,即 x 方向的单位矢量 i 和 y 方向的单位矢量 j 的线性组合:

$$V = V_x i + V_y j \tag{B.1}$$

这里 V_x 和 V_y 是实数.

粒子的自旋量子态用二维希尔伯特空间的一个矢量表示.因为自旋有“上”和“下”两个基态,可以把它们对应于图 10.1(a)中二维空间的 i 和 j,所有的自旋叠加态都可以表示成这两个基态的线性叠加,如图 10.1(b)所示:

$$|\text{叠加态}\rangle = C_1 |\text{上}\rangle + C_2 |\text{下}\rangle \tag{B.2}$$

表达式(B.2)中,不同于二维欧几里得空间的是,这里 C_1 和 C_2 是复数.

自旋空间是一个简单的二维希尔伯特空间的例子.不过,如果我们考虑以电子的位置或动量为基底的希尔伯特空间,情况就要复杂一些.

比如说,考虑电子的位置 x,它和自旋的不同之处在于:自旋只有离散的、有限的两种情形:“上”和“下”,位置 x 却有连续的、无限多种情形:$x_1, x_2, x_3, \cdots, x_n, \cdots$,因此,所对应的希尔伯特空间便具有连续的、无限的维数，从而也具有无限多个基底：

$$|x_1\rangle, |x_2\rangle, |x_3\rangle, \cdots, |x_n\rangle, \cdots$$

这种情形下的相应叠加态便应该表示为

$$|\text{叠加态}\rangle = C_1|x_1\rangle + C_2|x_2\rangle + \cdots + C_n|x_n\rangle \quad (\text{B}.3)$$

和自旋叠加态的情形一样，这里的 $C_1, C_2, \cdots, C_n$ 是复数.

量子力学是微观世界的物理学，物理学中除了需要用一系列数字来描述的"矢量"之外，还有许多用一个数就足以表示的量，这就是"标量". 希尔伯特空间是一个内积空间，两个矢量的内积则是一个标量.

根据狄拉克符号系统的规则，对每一个右矢(ket)，都可以进行共轭转置而定义另一个左矢(bra)，反之亦然：

$$\langle A|^\dagger = |A\rangle, \quad |A\rangle^\dagger = \langle A| \quad (\text{B}.4)$$

bra 和 ket 这两个名词是狄拉克将"bracket"（括号）这个词拆开所造的. 然后，从右矢和左矢，再定义它们的内积：

$$\langle \text{bra} | c | \text{ket}\rangle : \langle \varphi | \psi \rangle$$

通常将右矢写成竖的行矢量：

$$\begin{pmatrix} A_1 \\ A_2 \\ \vdots \\ A_N \end{pmatrix}$$

与其对应的左矢则横写为列矢量：

$$\langle A| = (A_1^* \quad A_2^* \quad \cdots \quad A_N^*)$$

$\langle A|$ 和 $|B\rangle$ 的内积

$$\begin{aligned} \langle A | B \rangle &= A_1^* B_1 + A_2^* B_2 + \cdots + A_N^* B_N \\ &= (A_1^* \quad A_2^* \quad \cdots \quad A_N^*) \begin{pmatrix} B_1 \\ B_2 \\ \vdots \\ B_N \end{pmatrix} \end{aligned} \quad (\text{B}.5)$$

狄拉克的右矢和左矢将希尔伯特空间一分为二. 如果将右矢所属的空间记为 H，左矢构成的空间则为 H 的共轭对偶空间 $\widetilde{H}$.

附录C 量子比特

图15.1所示的布洛赫球面，给出了计算信息科学中量子比特的图像描述.一个量子比特，可以对应于量子物理中一个粒子的叠加态.使用狄拉克的符号，单粒子叠加态(或量子比特)可以表示为

$$|\text{量子比特}\rangle = \alpha|0\rangle + \beta|1\rangle \tag{C.1}$$

其中α,β是满足$|\alpha|^2+|\beta|^2=1$的任意复数，它们对应于两个定态在叠加态中所占的比例系数.当$\alpha=0$或者$\beta=0$时，叠加态就简化成两个定态$|0\rangle$和$|1\rangle$.两个比例系数的平方：$|\alpha|^2$或$|\beta|^2$，分别代表测量时，测得粒子的状态是每个定态的概率.

既然比例系数α和β为复数，每个复数分别有一个实部和一个虚部，那么α和β可以分别写成

$$\alpha = \alpha_{\text{real}} + \alpha_{\text{imag}}\mathrm{i} \tag{C.2}$$

$$\beta = \beta_{\text{real}} + \beta_{\text{imag}}\mathrm{i} \tag{C.3}$$

其中，$\mathrm{i}=\sqrt{-1}$，即-1的平方根.

从式(C.2)和式(C.3)初看起来，以为一个量子比特具有四个任意常数($\alpha_{\text{real}},\alpha_{\text{imag}},\beta_{\text{real}},\beta_{\text{imag}}$)，也就是说，有四个自由度.但实际上，一个量子比特只有两个自由度.其原因是在这四个任意常数之间，规定了如下两个约束：一是α,β需要满足概率归一化的条件$|\alpha|^2+|\beta|^2=1$；二是两个复数α,β中，只有它们相对的相位差才有物理意义，量子叠加态的绝对相位是不可观测的，没有物理意义.因此，我们就干脆将α简化表示成一个实数，即$\cos(\theta/2)$的形式，而α,β之间的相位差记为φ.这样一来，两个自由度以两个实数角度θ和φ表示，式(C.2)和式(C.3)可分别写成

$$\alpha = \cos(\theta/2) \tag{C.4}$$

$$\beta = \exp(\mathrm{i}\varphi)\sin(\theta/2) \tag{C.5}$$

因此，一个量子比特用叠加态来表示：

$$|\text{量子比特}\rangle = |\psi\rangle = \alpha|1\rangle + \beta|0\rangle$$

其中 α,β 由式(C.4)和式(C.5)所决定.不难看出,将量子比特态 $|\psi\rangle$ 在三维极坐标中表示出来,就是图 15.1 中布洛赫球面上的一个点.

参考文献

［1］ Schrödinger E. Die gegenwärtige situation in der quantenmechanik [J]. Naturwissenschaften，1935，23：807-812；823-828；844-849.

［2］ Bohr N. The quantum postulate and the recent development of atomic theory [J]. Nature：Supplement，1928，121：580-590.

［3］ Hoffmann B. The Strange Story of the Quantum [M]. New York：Dover Publications，2011.

［4］ Planck M. Über irreversible strahlungsvorgänge [J]. Annalen der Physik，1900，1：69-122.

［5］ Planck M. A conservative revolutionary [EB/OL]. https://tddft.org/TDDFT2008/lectures/MC5.pdf.

［6］ Planck M. On the theory of the energy distribution law of the normal spectrum [J]. Deutschen Physikalis chen Gesellschafe.，1900，2：237.

［7］ 爱因斯坦.关于光的产生和转化的一个试探性观点[C]//物理年鉴，1905.

［8］ Bohr N. On the constitution of atoms and molecules [J]. Philosophical Magazine，1913，26：1-25；476-502；857-875.

［9］ de Broglie L V. Recherches sur la théorie des quanta [D]. Paris：Paris University，1924.

［10］ Heisenberg W. Über quantentheoretische umdeutung kinematischer und mechanischer beziehungen [J]. Zeitschrift für Physik，1925，33：879-893.

［11］ Schrödinger E. An undulatory theory of the mechanics of atoms and molecules [J]. Physical Review，1926，28 (6)：1049-1070.

［12］ 费恩曼.费恩曼物理学讲义[M].上海：上海科学技术出版社，2005.

［13］ Pais A. Subtle Is the Lord：the Science and Life of Albert Einstein [M]. Oxford：Oxford University Press，1986.

［14］ Dirac P A M. The quantum theory of the electron [J]. Proceedings of the Royal Society：Series A，1928，117 (778)：610.

［15］ Casimir H B G. On the attraction between two perfectly conducting plates［J］. Proc. Kon. Nederland. Akad. Wetensch，1948，B51：793.

［16］ Einstein A，Podolsky B，Rosen N. Can quantum mechanics description of physical reality be considered complete［J］. Physical. Review，1935，47：777.

［17］ Wheeler J A，Zurek W H. Quantum Theory and Measurement［M］. New Jersey：Princeton University. Press，1983：182-213.

［18］ 张天蓉.科学、教育与社会:访著名物理学家约翰·惠勒[J].科学学与科学技术管理，1985(2):19-22.

［19］ Born M，Einstein A. The Born-Einstein Letters：Correspondence between Albert Einstein and Max and Hedwig Born from 1916-1955［M］. Macmillan，1971：158.

［20］ Sakurai J J. Modern Quantum Mechanics［M］. Revised Edition. New Jersey：Addison-Wesley，1994：229.

［21］ Levitan B M，Hilbert Space［C］// Michiel H. 数学百科全书.阿姆斯特丹:克鲁维尔学术出版社，2001.

［22］ 玻色-爱因斯坦统计［OL］. http://www.condmat.uni-oldenburg.de/TeachingSP/bose.ps.

［23］ Fermi E. Sulla quantizzazione del gas perfetto monoatomico（in Italian）. Rendiconti Lincei，1926，3：145-149.// Quantization of the Monoatomic Ideal Gas. Translated by Zannoni A，1999-12-14.）

［24］ Dirac P A M. On the Theory of Quantum Mechanics［J］. Proceedings of the Royal Society：Series A，1926，112（762）：661-677.

［25］ Jacques V，Wu E. Experimental realization of Wheeler's delayed-choice Gedanken experiment［J］. Science，2007，315（5814）：966-968.

［26］ Grossman L. In the blink of bird's eye，a model for quantum navigation[EB/OL]. http://www.wired.com/wiredscience/.

［27］ Clauser J F，Horne M A. Experimental consequences of objective local theories［J］. Phys. Rev. D，1974，10：526-535.

［28］ Clauser J F，Horne M A，Shimony A，et al. Proposed experiment to test local hidden-variable theories［J］. Phys. Rev. Lett.，1969，23：880-884.

［29］ Aspect A，Grangier P，Roger G. Experimental tests of realistic local theories via Bell's theorem［J］. Phys. Rev. Lett.，1981，47（7）：460-463.

[30] Aspect A, Dalibard J, Roger G. Experimental test of Bell's inequalities using time-varying analyzers [J]. Phys. Rev. Lett., 1982, 49 (25): 1804-1807.

[31] Meyers R E, Deacon K S, Shih Y H. Ghost-imaging experiment by measuring reflected photons [J]. Phys. Rev. A, 2008, 77: 041801.

[32] Scully M O, Drühl K. Quantum eraser: A proposed photon correlation experiment concerning observation and "delayed choice" in quantum mechanics [J]. Phys. Rev. A, 1982, 25: 2208-2213.

[33] Feynman R. Simulating physics with computers [J]. International Journal of Theoretical Physics, 1982, 21: 467-488.

[34] Greenberger D M, Horne M A, Shimony A, et al. Bell's theorem without inequalities [J]. American Journal of Physics, 1990, 58 (12): 1131-1143.

[35] Pan J W, Bouwmeester D, Daniell M, et al. Experimental test of quantum nonlocality in three-photon Greenberger-Horne-Zeilinger entanglement [J]. Nature, 2000, 403 (6769): 515-519.

[36] Shannon [OL]. https://universalium.en-academic.com/287541.

[37] Bennett C H, Brassard G. Quantum cryptography: Public key distribution and coin tossing [C]//Proceedings of the IEEE International Conference on Computers, Systems, and Signal Processing, Bangalore, 1984: 175.

[38] Bennett [OL]. http://en.wikipedia.org/wiki/Quantum_key_distribution.

[39] P/NP 问题[OL]. http://www.claymath.org/millennium/P_vs_NP/.

[40] 摩尔定律[OL]. http://www.singularityweblog.com/michio-kaku-on-the-collapse-of-moores-law/.

[41] 量子计算机[OL]. http://www.research.ibm.com/physicsofinfo/.

[42] D-Wave [OL]. http://dwave.wordpress.com/2011/05/11/learning-to-program-the-d-wave-one/.

[43] Penrose S R. The Emperor's New Mind [M]. Oxford: Oxford University Press, 1989.

[44] Bouwmeester D, Pan J W, Mattle K, et al. Experimental quantum teleportation [J]. Nature, 1997, 390 (6660): 575-579.

[45] Ursin R, Jennewein T, Aspelmeyer M, et al. Quantum teleportation link across the Danube [J]. Nature, 2004, 430: 849.

[46] Jin Xianmin, Ren Jigang, Yang Bin, et al. Experimental free-space quantum teleportation [J]. Nature Photonics, 2010, 4: 376-381.

[47] Van Enk S J, Lütkenhaus N, Kimble H J. Experimental procedures for entanglement verification [J]. Phys. Rev. A, 2007, 75: 052318.

[48] Su Xiaolong, Jing Jietai, Pan Qing, et al. Dense-coding quantum key distribution based on continuous-variable entanglement [J]. Phys. Rev.: A, 2006, 74: 062305.

[49] Ou Z Y, Pereira S F, Kimble H J, et al. Realization of the Einstein-Podolsky-Rosen paradox for continuous variables [J]. Phys. Rev. Lett., 1992, 68: 3663.

[50] Kimble J. Experimental procedures for entanglement verification [J]. Phys. Rev.: A, 2007, 75: 052318.

[51] Optical hybrid approaches to quantum information [J]. Laser & Photonics Reviews, February 25, 2010.

[52] Wheeler J A, Zurek W H. Quantum Theory and Measurement [M]. New Jersey: Princeton University Press, 1983.

[53] De Witt B, Graham R N. The Many-Worlds Interpretation of Quantum Mechanics [M]. New Jersey: Princeton University Press, 1973.

[54] Born M. The statistical interpretation of quantum mechanics [R]. Nobel Lecture, December 11, 1954.

[55] Bohm D. Quantum Theory [M]. New Jersey: Prentice-Hall, 1951.

[56] Cramer J G. The transactional interpretation of quantum mechanics [J]. Reviews of Modern Physics, 1986, 58 (3): 647.

[57] Maximilian S. Decoherence, the measurement problem, and interpretations of quantum mechanics [J]. Rev. Mod. Phys., 2005, 76 (4): 1267-1305.

[58] 谭天荣. 哥本哈根迷误[EB/OL]. http://lc. search. dglib. cn/ebook/read_10253392. html.

[59] Deleglise S, Dotsenko I, Sayrin C, et al. Reconstruction of non-classical cavity field states with snapshots of their decoherence [J]. Nature, 2008, 455: 510.

[60] Brune M, Hagley E, Dreyer J, et al. Observing the progressive decoherence of the "meter" in a quantum measurement [J]. Phys. Rev. Lett., 1996, 77: 4887.